新农村建设丛书

特菜与山野菜栽培400问

12316新农村热线专家组　组编

吉林出版集团股份有限公司

图书在版编目（CIP）数据

特菜与山野菜栽培400问/12316新农村热线专家组　组编．—长春：吉林出版集团股份有限公司，2008．12

（新农村建设丛书）

ISBN 978-7-80762-556-8

Ⅰ．特…　Ⅱ．1．…　Ⅲ．①蔬菜园艺—问答②野生植物：蔬菜—蔬菜园艺—问答　Ⅳ．S63—44　S647—44

中国版本图书馆CIP数据核字（2008）第210141号

特菜与山野菜栽培400问

TECAI YU SHANYECAI ZAIPEI 400 WEN

组编　12316新农村热线专家组

责任编辑　林　丽

出版发行　吉林出版集团股份有限公司

印刷　三河市祥宏印务有限公司

2008年12月第1版　　2019年8月第23次印刷

开本　850×1168mm　1/32　　印张　5.5　字数　146千

ISBN 978-7-80762-556-8　　定价　22.00元

社址　长春市人民大街4646号　　邮编　130021

电话　0431—85661172　　传真　0431—85618721

电子邮箱　xnc408@163.com

《新农村建设丛书》编委会

特菜与山野菜栽培400问（上篇）

主　　编　史　哲
编　　者　丁晓云　于成田　戈奎文　史　哲
　　　　　刘全红　肖德金　张宝贵　孟祥萍
　　　　　都本俊　高　峰　曹学婷　董李华
　　　　　谭维雨

特菜与山野菜栽培400问（下篇）

编　　著　杨柏明　鞠会艳　王卫宏　张大维

出版说明

《新农村建设丛书》是一套针对“农家书屋”“阳光工程”“春风工程”专门编写的丛书，是吉林出版集团组织多家科研院所及千余位农业专家和涉农学科学者倾力打造的精品工程。

丛书内容编写突出科学性、实用性和通俗性，开本、装帧、定价强调适合农村特点，做到让农民买得起，看得懂，用得上。希望本书能够成为一套社会主义新农村建设的指导用书，成为一套指导农民增产增收、脱贫致富、提高自身文化素质、更新观念的学习资料，成为农民的良师益友。

目　录

上篇　特菜栽培

下篇　野菜栽培

一、基础知识

二、育苗设施与管理

上篇　特菜栽培

一、特菜概念

1. 什么是特菜

“特菜”是一个无确切定义的广义蔬菜门类，是与蔬菜生产上生产面积大、消费量大的“大路菜”相对而言的，而且具有明显的时间性、区域性。“特菜”是对非本区域、非本季节种植、珍稀特蔬菜的统称，包括国内和从国外引进的较珍稀的名、特、优、新蔬菜品种。现阶段主要由以下 4 部分组成：一是国外引进的，如抱子甘蓝、彩色甜椒、芦笋等；二是国内各地的名、特、优品种，如广东菜心、紫背天葵等；三是人工种植的山野菜，如蒲公英、苋菜、荠菜等；四是采用无土栽培培育出的芽苗菜，如萝卜芽、黑豆芽、香椿芽等。

2. 目前吉林省栽培的特菜主要有哪些种类

（1）白菜类蔬菜　广东菜心、乌塌菜、紫菜薹等。

（2）甘蓝类蔬菜　青花菜、紫甘蓝、紫球花椰菜、抱子甘蓝、羽衣甘蓝、芥蓝等。

（3）绿叶菜类蔬菜　西芹、苦苣、香芹、油麦菜、蕹菜、京水菜、莳萝、球茎茴香、菊花脑、蒌蒿、紫苏、薄荷、罗勒、落葵、紫背天葵、番杏、荠菜等。

（4）茄果类蔬菜　人参果、彩色椒、樱桃番茄等。

（5）瓜类蔬菜　网纹甜瓜、苦瓜、丝瓜、节瓜、蛇瓜、瓠瓜等。

（6）豆类蔬菜　荷兰豆、刀豆、四棱豆等。

（7）多年生蔬菜及其他　芦笋、黄秋葵、百合、朝鲜蓟等。

3. “特菜”生产上应注意些什么

由于特菜具有较高的营养价值、独特的风味和高于普通蔬菜的销售价格，栽培面积在逐步扩大，但在生产上要注意以下几方面，避免造成损失。

（1）正确引导消费，避免误导盲目种植　特菜是一个动态概念，一些较新颖的种类和品种还远未被广大消费者所熟悉和接受，应首先进行适应性试种；其次要引导消费，广泛宣传；同时在发展生产时要优先考虑开辟市场，打通销售渠道。

（2）小批量生产，均衡上市　特菜种类和品种繁多，生长期和供应期参差不齐，生长条件和栽培技术各有不同，在生产时应采取“多品种、小批量、多茬口、均衡上市供应”的策略，以免产品在被广大消费者接受之前过量生产，造成滞销。

（3）地道性　要保持其原有的独特风味与质量。

（4）实现无公害化生产　特菜除注重其商品品质、营养品质外，更重要的是卫生安全品质。特菜在超市、饭店供应时，均应达到无公害蔬菜的标准，以至达到绿色食品标准。在生产上，给作物提供良好的生长条件，保证温、光、水、气、肥的最适供给；采用农业栽培措施、物理措施，使作物不生病，少生病；在作物发生病害时，严格按农药使用准则施用农药。

（5）重视采后处理，提高特菜档次　特菜成本一般高于普通蔬菜，为了提高其附加值，应重视采后处理。从产品整修、预冷、冷藏、运输及冷链销售等一系列环节入手，尽量缩短产品从采收到上货架所需时间，减少损耗，提高和保证特菜产品的档次。

二、菜　心

4. 菜心有什么特点

菜心又名菜薹、广东菜薹、广东菜等，以花薹供食用。菜心起源于中国南部，是由白菜易抽薹材料经长期选择和栽培驯化而来，并形成了不同的类型和品种。主要分布在广东、广西、台湾、香港、澳门等地。菜心是中国广东的特产蔬菜，品质柔嫩、风味可口，并能周年栽培，故而在广东、广西等地为大路性蔬菜，周年运销香港、澳门等地，视为名贵蔬菜，已成为我国主要出口蔬菜品种。

5. 菜心对环境条件有什么要求

菜心生长发育的适温为15℃～25℃。不同生长期对温度的要求不同，种子发芽和幼苗生长适温为25℃～30℃；叶片生长期需要的温度稍低，适温为15℃～20℃，20℃以上生长缓慢，30℃以上生长较困难。菜薹形成期适温为15℃～20℃。昼温为20℃、夜温为15℃时，菜薹发育良好，20～30天可形成质量好、产量高的菜薹。

菜心属长日照植物，但多数品种对光周期要求不严格，花芽分化和菜薹生长快慢主要受温度影响。

6. 菜心主要有哪些种类和品种

按生长期长短和对栽培季节的适应性分为早熟、中熟和晚熟等类型。

早熟类型较耐热，对低温敏感，温度稍低就容易提早抽薹；中熟类型对温度适应性广，耐热性与早熟种相近，遇低温易抽薹；晚熟类型不耐热。目前栽培较多的品种有：四九菜心、一刀齐菜心、青柳叶菜心、大花球菜心、三月青菜心、柳叶晚菜心等。

7. 菜心在什么季节栽培比较好

在吉林省春、秋两季栽培品质好、产量高；夏季栽培，提早抽薹，质量下降。可利用保护地和露地结合生产，可以进行周年生产供应。如满足菜心所需的环境条件，早熟品种播种后30～45天开始采收；中熟品种播种后40～50天收获；晚熟品种播种后45～55天开始收获。

8. 菜心如何进行育苗和定植

菜心栽培可以直播，也可以育苗，多采取育苗移栽，一是植株生长均匀，上市产品整齐度高，二是提高土地利用率。育苗的苗床应建在前一年未种过十字花科作物的地块上，宜选用沙壤土或壤土，每亩（667 平方米）施 3000 千克腐熟的有机肥，浅翻，耙平，做成平畦。

播前灌大水，水渗下后撒种，撒种后覆土 0.5～1 厘米。苗出齐后，立即间苗，拔除并生、拥挤、过密的小苗。在第 1 片真叶展平前，共间苗 2～3 次。最后保持苗间距 3～5 厘米，使幼苗有足够的营养面积，防止过密发生徒长。第 1 片真叶展开时追 1 次肥，每亩施尿素 10 千克，促进幼苗生长。苗期保持土壤见干见湿，每 5～7 天浇 1 次水。

定植时秧苗的标准是：有叶片 4～5 片，苗龄 18～22 天，根系发达完整。

定植：栽培地应选肥沃疏松的壤土或沙壤土，每亩施腐熟的有机肥 3000～5000 千克。深翻后，做成平畦。定植的株行距，早熟品种为 13 厘米×16 厘米，晚熟品种为 18 厘米×22 厘米。定植时应少伤根系，以利缓苗成活。定植后要及时灌水。

9. 菜心如何进行田间管理

菜心在田间生长迅速，需肥量较大，应及时进行追肥。幼苗定植后 2～3 天发新根时，结合浇水，追施第 1 次肥料。每亩施尿素 10 千克，促使秧苗迅速生长。植株现蕾时，每亩追尿素 10～15 千克，促使菜薹迅速发育。在大部分主菜薹采收后追施第 3 次肥料，每亩追施尿素 10～20 千克，以促进侧薹的发育。生长期每 3～5 天灌浇 1 次水，保持土壤湿润。干旱会影响菜薹生长发育，并降低产品质量。

10. 菜心在采收时应注意什么

菜心可收主薹和侧薹。一般早熟品种生育期短，主薹采收后不易发生侧薹。中晚熟种主薹采收后，还可发生侧薹。主薹采收的适期为菜薹长到叶片顶端高度，先端有初花（俗称“齐口花”）。如未及齐口花采收，则薹嫩，而产量降低；如超过适宜的采收期，则薹太老，质量降低。优质的菜薹形态标准是：薹粗、节间稀疏、薹叶少而细，顶部初花。

早熟品种只采收主薹时，采收节位应在主薹的基部。中晚熟品种易发生侧薹，采收时在主薹基部留 2～3 叶摘下主薹，使保留的叶芽再萌发侧薹。留叶不能太多，否则侧薹发生太多，薹纤细，质量下降。

11. 菜心如何进行病虫害的防治

菜心的主要病害有病毒病、霜霉病、软腐病等。

防治上应采取综合防治措施。

（1）选用抗病品种　国内各育种单位培育出的杂交种多数较抗病。

（2）合理安排茬口　应避免与十字花科蔬菜连作或邻作，减少传毒源。

（3）在田间管理上深耕细作　消灭杂草，减少传染源。增施有机肥，配合磷、钾肥，促进植株健壮生长，提高抗病力。加强水分管理，避免出现干旱现象。及时拔除弱苗、病苗。

（4）种子消毒　播种前，用种子重量 0.3%的 50%福美双，或 25%瑞毒霉，或 75%百菌清拌种，消灭种子表面的病菌。

（5）种子处理　选用无病种株采种，防止种子带菌。播种前将种子用 50℃温水浸种，或把种子放在 70℃的温度下处理 2～3 天，以消灭种子上的病菌。

（6）发现病害发生时应及时针对性用药。

三、紫菜薹

12. 紫菜薹有什么特点

紫菜薹，别名红菜薹、红油菜薹，它与广东菜心是属于同一变种，为十字花科芸薹属芸薹种白菜亚种的变种，1 年或 2 年生草本植物，是原产我国的特产蔬菜，主要分布在长江流域一带，以湖北武昌和四川省的成都栽培最为广泛。紫菜薹以柔软的花薹供食，品质脆嫩、营养丰富，所含维生素 C 比大白菜、小白菜、乌塌菜等都高。其风味鲜美，在主产区也被视作珍品，销往各地。

13. 紫菜薹主要有哪些品种

（1）早熟类型品种　早熟，较耐热，适于在温度较高的季节栽培，根据叶形不同而分为圆叶和尖叶两大类，有武昌红叶大股子、十月红 1 号和 2 号。

（2）中熟类型品种　植株生长势旺盛，分枝力中等，抽薹力强。有二早子红油菜薹等。

（3）晚熟类型品种　耐寒力较强，耐热力较弱。主要有胭脂红和阴花油茎薹。

14. 紫菜薹如何进行育苗

（1）适时播种　应在定植前 1 个月左右进行播种育苗，春茬苗龄一般在 30 天左右，5～6 片真叶时适时定植。

（2）苗床的处理　苗床应选择较肥沃的壤土或沙壤土，施入腐熟有机肥料，每平方米苗床约用 10 千克的腐熟农家肥，肥料要与畦土充分掺匀，然后精细耕耘、整平，做成平畦，浇透底水，水渗下后，在畦面上均匀地撒一层厚约 0.3 厘米的过筛细土，即可播种。干子撒播在已准备好的苗床上，要播得均匀。播后撒一层过筛的细土，约 0.2 厘米厚，遮盖住种子便可。畦上面再盖塑料薄膜保温保湿，种芽露出即除去塑料膜。条件适宜约需 5～7 天出苗。

（3）苗期管理　播种后至幼苗长出前，苗床温度白天保持 25℃～30℃，出苗后白天控制在 25℃左右，夜温不要低于 15℃。苗期要保持床苗湿润，但不能过湿，以免引起病害的发生。也不能干旱，否则会使小苗老化，影响后期生长。根据生长情况，在小苗3～4片叶时进行1～2次叶面喷肥，可用0.3%～0.5%尿素加0.2%磷酸二氢钾的水溶液喷雾，喷施时间最好在下午进行。及时间去弱苗、过密苗，拔除杂草。

15. 紫菜薹如何进行定植

（1）整地作畦　紫菜薹对土壤要求不甚严格，但以保肥保水能力强的土壤为宜。栽植前深翻整地，视地力情况施足基肥，一般可每亩施入腐熟农家肥3000～4000千克，耕耘耙平后作畦。早春做平畦，晚春或初夏栽培宜做高畦，畦宽120厘米，种3行，畦的高度以便于排灌水为宜。

（2）定植　幼苗苗龄约30天，有真叶5～6片时定植。定植前一天要把苗床灌透水，第2天起苗时带土移栽。挖苗时尽量减少伤、断根。种植深度以苗坨面与畦土面齐平，株行距30厘米×40厘米，定植后浇透定根水。

16. 紫菜薹如何进行田间管理

紫菜薹定植后的田间管理主要是调控好水肥。紫菜薹怕旱又怕涝，如干旱则生长不良，容易发生病毒病；如湿度过大，则易引发软腐病。水分的管理应做到经常保持土壤湿润，避免过旱或过湿。定植成活后结合浇水，及时追施提苗肥，一般5～7天追施1次肥，促苗生长，直至主菜薹抽出。进入采收期后，要根据植株生长状况进行追肥，以化肥为主，也可用复合肥料。冬春保护地生产时，要注意防寒保温，白天温度能保持在15℃～25℃即可正常生长。温度超过25℃，湿度大时要及时通气排湿降温。

17. 紫菜薹如何进行病虫害的防治

（1）病害防治　主要有病毒病，毒源主要为芜菁花叶病毒和芜菁花叶病毒与黄瓜花叶病毒的复合浸染。种植时要注意合理安排蔬菜种类的布局轮作和育苗期防蚜。发现个别植株发病初期，即拔除病株，并用药剂防治，全面喷洒20%病毒A可湿性粉剂500倍液，或1.5%植病灵乳剂1000倍液，或83增抗剂100倍液，隔10天喷1次，连续喷洒2～3次。

（2）虫害防治　主要有蚜虫和菜青虫。蚜虫的药剂防治可选择有触杀、内吸、熏蒸三重作用的农药，如国产的50%抗蚜威，或英国产的避蚜雾50%可湿性粉剂2000～3000倍液喷洒，或其他高效低毒的农药，如“一喷净”。保护地可选用杀蚜烟剂，每亩400～500克，分散放4～5堆，用暗火点燃，冒烟后密闭3小时，杀蚜效果较好。

18. 紫菜薹采收时应注意些什么

早熟品种定植后30天左右即进入初收期，主薹宜早采割，“主薹不掐，侧薹不发”。当主薹长有30～40厘米，1个或2个花蕾初开时为采收适期，采收时在主薹的基部割取，切口略倾斜，以免积水而引起腐烂。切割时注意保留基部几个腋芽，以保证侧薹抽长粗壮。侧薹采收时，每个薹基部留1～2片叶，以使萌发下一级菜薹。

四、青花菜

19. 青花菜有什么特点

青花菜别名绿菜花、意大利芥蓝、木立花椰菜，为十字花科芸薹属甘蓝种中以绿或紫色花球为产品的一个变种，1年或2年生草本植物。甘蓝类蔬菜中，青花菜的营养最丰富，其营养成分齐全，维生素、矿物质、蛋白质含量最高，被美国称为营养最丰富的蔬菜。与白花菜比较，核黄素含量高1倍，维生素C含量高3倍（维生素C含量比番茄高4倍），此外，青花菜还含有丰富的B族维生素和叶酸。

20. 青花菜对环境条件有什么要求

（1）对温度的要求　青花菜性喜温暖湿润的气候，耐热、耐寒性强，适应性广。生育适温15℃～20℃，5℃以下的低温使生长受到抑制，25℃以上的高温易徒长。从不同生长时期来看，种子发芽的适温为20℃～25℃，幼苗、叶簇生长和花芽分化的适温为15℃～22℃，花球形成的适温为15℃～18℃，植株能短期忍耐－3℃左右的低温。

（2）对光照的要求　在适宜的温度条件下，充足的光照可促进植株旺盛生长及光合产物的累积，提高花球的产量和品质。对花芽分化，低温起到了诱导作用，光照起促进作用。据报道，在15℃温度条件下，用8小时和16小时光照对比处理6～7片叶的幼苗，长日照比短日照提早1周形成花芽。同样，在20℃温度条件下，只有长日照处理能形成花芽。

（3）对水分的要求　青花菜喜湿润，不耐干旱，适宜生长的空气相对湿度为80%～90%，土壤湿度为70%～80%，气候干燥，土壤水分不足，植株生长缓慢，长势弱，花球小而松散，品质差。

（4）对土壤营养的要求　青花菜适应性广，只要土壤肥力较强，施肥、追肥适当，在不同类型的土壤均能良好生长。对土壤酸碱度的适应范围为pH值5.5～8.0，最适pH值6.0。

21. 如何进行青花菜的育苗

青花菜的育苗时间应根据定植期及品种适宜的苗龄确定。在吉林省育苗要在保护地内设苗床，可采用塑料营养钵或苗床播种育苗。用营养钵育苗要先配制好营养土，选择3年内没种过十字花科蔬菜的园土或前茬为大田作物的田土3份，加充分腐熟农家肥1份，然后按每立方米营养土加入过磷酸钙1千克、硫酸钾0.6千克，充分混匀，装钵，用苗床育苗要选择含有机质丰富的疏松土壤深耕翻晒透，起宽1～1.2米、长4～6米、高20～25厘米的畦作苗床。每平方米苗床施腐熟有机肥10～15千克和一定量的磷钾肥，施后将肥土混匀，耙碎整平。

壮苗标准：苗龄30～35天，具有5～6片真叶，生长健壮，无病虫害，茎粗壮，节间较短，叶较大且厚，叶色正常，根系发育良好，须根发达，植株生长整齐。

22. 如何进行露地春茬青花菜田间管理

为达到生产的优质高效，生产上主要做好以下几个环节的管理：

（1）缓苗期的管理　这个时期管理主要是保温和保湿，以促进早缓苗。定植后要浇1次缓苗水，并及时铲地松土，防止土壤板结。

（2）莲座期的管理　这个时期为青花菜营养生长旺盛期，必须提供充足的肥水，使茎、叶较快生长，为夺取高产打下良好的营养基础。此期需追肥2次，第1次追肥在植株开始迅速生长时（定植后约15天），用小锄头在株间开穴施入尿素，每亩约施15千克；第2次追肥在植株封垄前进行，当植株心叶开始呈拧心状时（定植后约30天），结合除草在行间开浅沟将肥料施入后培土，每亩施复合肥20～25千克。莲座期前期保持土壤湿润，以满足植株快速生长发育需要；当植株团棵后，适当控制浇水，以促进地下根系发育。发生的侧枝要及时摘掉，以促进主花球形成。

（3）结球期管理　为促进植株由营养生长向生殖生长转化，有利花球形成，要适当控制氮肥，配施磷、钾肥和硼、钼等微肥。在花球形成始期（定植后40～50天）再施肥1次，每亩施硫酸钾15千克、复合肥15千克。为减少花球表面黄化和花茎空洞，延迟植株衰老，在花球形成期用0.5%钼酸铵和0.5%硼砂溶液喷洒叶面，约隔7天喷1次，连续喷2～3次。整个花球形成期，田间土壤应注意保持湿润，并及时摘除病叶、老叶和防治病虫害。如收侧花球栽培，每株留健壮侧花枝3～4个，其余的侧花枝宜摘除。

（4）盛收期的管理　这个时期既要注意及时摘除病叶、老叶，以利通风透光，促进养分向花球的积累，又要注意控制水分，防止湿度过大，引发病害和花球霉烂。

23. 青花菜如何进行采收

青花菜的适宜采收期较短，若采收过迟，花球松散、花蕾变黄、品质下降，但采收过早则花球小、产量低。一般以手感花蕾粒子开始有些松动或花球边缘的花蕾粒子略有松散，花球表面紧密并平整、无凹凸时为采收适期。青花菜采收宜选择晴天的清晨或傍晚进行，采收时将花球连同10厘米左右长的肥嫩花茎一起割下，放在避光阴凉的地方或直接进行低温预冷储藏，然后包装上市。收侧花球栽培的还应在主花球采收后追肥1次，每亩施复合肥15千克，待侧花球长到直径5厘米左右时进行采收。一般可连续采收2～3次。

24. 如何进行青花菜的虫害防治

青花菜的主要病虫害有小菜蛾、菜粉蝶（俗称菜青虫）。小菜蛾可在卵孵化高峰期至2龄幼虫期用5%锐劲特3000倍液或1%杀虫素3000倍液等喷雾防治；菜粉蝶可用Bt乳剂1000倍液，或速灭杀丁1500～4000倍液等喷雾防治。

25. 如何进行青花菜的病害防治

青花菜主要病害有霜霉病、黑斑病和黑腐病。

（1）药剂防治

①霜霉病　发病初期可喷施25%瑞毒霉可湿性粉剂800倍液，或65%代林辛可湿性粉剂500倍液，或75%百菌清可湿性粉剂600倍液。

②黑斑病　发病初期喷65%代林辛可湿性粉剂600倍液，或70%代森锰锌可湿性粉剂500倍液，或75%百菌清可湿性粉剂500倍液，或40%灭菌丹可湿性粉剂400倍液，或多抗霉素50毫克/升等，每周1次，连喷2～3次。

③黑腐病　发病初期用农用链霉素100～200毫克/升，每7天喷1次，连喷2～3次。

（2）物理防治

①轮作　与非十字花科蔬菜实行2～3年轮作。

②种子　选用无病种株留种。种子用温水浸种法消毒。

③田间管理　培育壮苗，及时中耕除草，合理供应水肥，发现病株及时拔除。

五、宝塔花菜

26. 宝塔花菜有什么特点

宝塔花菜又称“富贵菜”“珊瑚菜花”，是花椰菜的一个变种，近两年从欧洲引进。其形状奇特，口感脆嫩，用刀切开摆在餐盘，高贵典雅，并且营养丰富，产品深受宾馆、饭店及中高档消费者的欢迎。主茎粗大形成主花塔，花塔由一个个花蕾极小的宝塔组成。色浅绿透明，质地如翡翠，营养成分非常丰富。据测蛋白质含量是番茄的 5 倍、白花菜的 3.5 倍，维生素 A 的含量是白花菜的 46 倍，在西方素有“新生命食品”之美誉。

27. 宝塔花菜对环境条件有什么要求

宝塔花菜从播种至采收需 130 天左右，耐低温，但不耐高温，适宜温度白天 18℃～23℃，夜间 8℃～12℃，地温 16℃～20℃，需较强的光照条件，苗期需水量不多，中后期需湿润的土壤条件，适宜在深厚、疏松、排灌良好的土壤种植。

28. 宝塔花菜在什么季节栽培比较好

宝塔花菜喜阳光，耐低温，但不耐高温。比较适合春秋两季保护地种植及早春种植，一般育苗后 45 天即可定植，每亩栽植 2000～2100 株。春日光温室：1 月上中旬播种育苗，2 月上中旬定植，5 月底至 6 月上旬采收；春大棚：1 月下旬至 2 月上旬育苗，3 月上中旬定植，7 月初收获；春露地 2 月中下旬播种育苗，4 月上旬定植，7 月中下旬采收。

29. 宝塔花菜如何播种育苗及定植

可采用 50 穴的穴盘或 6 厘米×8 厘米的营养钵育苗，以草炭、蛭石为基质，比例为 3∶2。播种后覆土 0.8～1 厘米厚。苗期适宜温度白天 20℃～24℃，夜间 10℃左右。定植前整地施肥，每亩施用腐熟农家肥 3000 千克，三元复合肥 15 千克，做成 1.2 米的平畦，覆盖地膜，株行距 40 厘米×60 厘米。

30. 宝塔花菜如何进行田间管理

定植缓苗后，中耕松土 1～2 次，每亩浇施尿素 5～10 千克，并及时中耕除草，保持土壤湿润。以后根据生长情况还需分次追肥，当有 15～17 张叶片时，再追施尿素 5～10 千克、氯化钾 15 千克、过磷酸钙 10 千克；当植株心叶开始旋曲进入花球初现期时，施尿素 10 千克，复合肥 15 千克，并结合喷药叶面喷施硼肥。在栽培过程中要保持土壤湿润，结球初期和每次追肥后不能缺水，一般 7～10 天浇水 1 次，注意水量不要过大。雨季要及时排水，做好中耕除草和培土护根工作。

31. 宝塔花菜如何进行病虫害的防治

（1）病害　主要有立枯病、黑腐病、霜霉病、菌核病等。黑腐病可用农用链霉素 1000 倍液，或多抗霉素 300 倍液防治；霜霉病可用 58％甲霜灵锰锌 300 倍液，或安克 1500～2000 倍液防治；菌核病可用 40％菌核净可湿性粉剂 600 倍液，或 70％托布津 800 倍液防治。

（2）虫害　主要有跳甲、蚜虫、小菜蛾、菜螟、甘蓝夜蛾、菜青虫等。防治跳甲、蚜虫等可用乐斯本 1000～1500 倍液；小菜蛾、菜青虫可用克抗杀 1000 倍液，或捕快 1000 倍液防治；菜螟可用 24％万灵水剂 1000 倍液防治；甘蓝夜蛾可用除尽 1500 倍液防治。

32. 宝塔花菜如何进行采收

宝塔花菜采收期较为严格，过早采收影响产量，而过迟采收会使花球松散影响商品性。宝塔花菜的花球为浅绿似翡翠色，主茎较粗，蕾细花球紧密，球重 1.5 千克左右。合适的采收标准是花球边缘花蕾粒将要或略有松散。采割时要保留花周围有 4～5 片小叶，采收最好在清晨进行，不仅可以降低花球温度，而且能保持花球新鲜度和花蕾紧实度。采收后应及时销售或冷藏保鲜处理，切忌堆压。

六、抱子甘蓝

33. 抱子甘蓝有什么特点

抱子甘蓝，别名芽甘蓝、子持甘蓝，是十字花科芸薹属甘蓝种2年生草本植物，为甘蓝种中腋芽能形成小叶球的变种。原产于地中海沿岸，以鲜嫩的小叶球为食用部位。抱子甘蓝的小叶球蛋白质的含量很高，居甘蓝类蔬菜之首，维生素C和微量元素硒的含量也较高。我国于20世纪90年代开始引进并生产。

34. 抱子甘蓝对环境条件有什么要求

（1）对温度要求　抱子甘蓝喜冷凉的气候，耐寒力很强，在气温下降至－3℃～－4℃时也不致受冻害，能短时耐－13℃或更低的温度。抱子甘蓝耐热性较结球甘蓝弱，其生长适温为18℃～22℃，小叶球形成期最适温为白天15℃～22℃，夜间9℃～10℃。

（2）对光照要求　抱子甘蓝属长日照植物，但对光照要求不甚严格。光照充足时植株生长旺盛，小芽球坚实而大。在芽球形成期如遇高温和强光，则不利于芽球的形成。

（3）对水分要求　整个生长期喜湿润，但不宜过湿，以免影响抱子甘蓝的生长。

（4）对土壤要求　抱子甘蓝的种植需在土层深厚、肥沃疏松、富含有机质、保水保肥的壤土或沙壤土上。抱子甘蓝生长过程中氮、磷、钾不可缺少，尤对氮肥的需要量较多，适宜的pH值为5.5～6.8。

35. 抱子甘蓝如何进行育苗

由于种子价格比较高，生产上最好采用穴盘育苗或营养土方育苗，精量播种，1次成苗。穴盘育苗可用72孔穴盘，基质用草炭1份加蛭石1份，或草炭、田土、堆肥各1份，每立方米基质加入1.2千克尿素和1.2千克磷酸二氢钾。穴盘育苗采用精量播种，种子发芽率应大于90%，用温水浸种法浸泡处理种子后播种。每穴放种子1～2粒，覆蛭石厚约1厘米。覆盖完毕后将苗盘喷透水，以水分从穴盘底孔滴出为宜，使基质最大持水量达到200%。出苗后及时查苗补缺。

温度管理：早春育苗要注意保温，控制在20℃～25℃之间，齐苗后注意放风。夏季育苗要防高温。苗期基质持水量保持60%～65%。3叶1心后，结合喷水进行1～2次叶面喷肥。

如果用苗床育苗，一般需2次成苗。苗床要选择通风良好、排灌方便的地块，每亩大田用种量20～25克，播种面积约4平方米，播种后浅覆土。小苗2～3片真叶时，分苗入8厘米×8厘米的土方。一般苗龄40天左右，幼苗5～6片真叶时定植。

36. 抱子甘蓝如何进行定植后的田间管理

（1）水肥管理　幼苗定植后要经常浇灌水，以保证小苗生长对水分的需要。通过灌溉可以改善田间小气候，能起到降温作用，减少蚜虫及病毒病的发生。定植后4～5天，结合浇水，点施提苗肥，每亩用尿素约5千克，以促苗快长。第2次追肥可在定植后1个月左右，以后在小芽球膨大期以及小叶球始收期分别再追肥1次，每次每亩用尿素10～15千克。植株生长的中期，水分管理以见干见湿为原则。当下部小叶球开始形成时，要经常灌溉，使土壤保持充足的水分。雨天要及时排水。

（2）中耕松土、除草　每次灌水施肥后要进行中耕松土、除草，并结合中耕进行培土，防止植株倒伏。

（3）整枝　当抱子甘蓝的植株茎秆中部形成小叶球时，即要将下部老叶、黄叶摘去，以利于通风透光，促进小叶球发育，也便于将来小叶球的采收。随着下部芽球的逐渐膨大，还需将芽球旁边的叶片从叶柄基部摘掉，因叶柄会挤压芽球，使之变扁。在气温较高时，植株下部的腋芽不能形成小叶球，或已变成松散的叶球，也应及早摘除，以免消耗养分或成为蚜虫藏身之处。同时要根据具体情况，到一定时候摘去顶芽，以减少养分的消耗，使下部芽球生长充实。矮生品种不需要摘顶芽。

37. 抱子甘蓝如何进行病虫害防治

抱子甘蓝的病虫害与结球甘蓝相同，不宜与甘蓝类作物重茬。

其主要病害有黑腐病、根朽病、菌核病、霜霉病、软腐病、黑斑病和立枯病等。要进行综合防治，如选用抗病品种、从无病植株采种、避免与十字花科蔬菜连作、适期播种、发现病苗及时拔除并结合药剂防治。防治病害的农药有代森辛、百菌清、波尔多液等杀菌剂。

抱子甘蓝的虫害主要有菜粉蝶、菜蛾、菜蚜、甘蓝夜蛾、菜螟虫等。特别要注意防治蚜虫的为害，因蚜虫侵入小叶球后难以清洗，严重地影响产品质量和产量，并传播病毒病，要及早防治。

七、芥　蓝

38. 芥蓝有什么特点

芥蓝，别名白花芥蓝，十字花科芸薹属一二年生草本植物，以花薹为产品，幼苗及叶片也可食用。芥蓝的花薹是我国著名的特产蔬菜之一，起源于中国的南方，主产区有广东、广西、福建和台湾等地，沿海及北方大城市郊区有少量栽培。主产区广州可周年生产和供应，除国内市场销售外，还有大宗出口。近年来，在华北交通方便的地区建立夏季生产出口基地，需要量在不断增加。

39. 芥蓝对环境条件有什么要求

（1）对温度的要求　芥蓝喜欢温和的气候，耐热性强，其耐高温的能力在甘蓝类蔬菜中最强。种子发芽和幼苗生长适温为25℃～30℃，20℃以下时生长缓慢，叶丛生长和菜薹形成适温为15℃～25℃，喜欢较大的昼夜温差。30℃以上的高温对菜薹发育不利，15℃以下时生长缓慢，不同熟性的品种其耐热性及花芽分化对温度的要求有差别。

（2）对光照的要求　芥蓝属长日照作物，但现有品种对日照时间的长短要求不严格，其全生长发育过程均需要良好的光照，不耐阴。

（3）对水分的要求　芥蓝喜湿润的土壤环境，以土壤最大持水量80%～90%为宜。不耐干旱，耐涝力较其他甘蓝类蔬菜稍强，但土壤湿度过大或田间积水会影响根系生长。

（4）对土壤及养分的要求　芥蓝对土壤的适应性较广，而以壤土和沙壤土为宜。对氮、磷、钾的吸收以钾最多，磷最少。幼苗期吸肥量较少，生长较缓慢，菜薹形成期吸肥量最多。生长各期对氮、磷、钾吸收量不同，应着重有机肥的施用，并适当追肥。

40. 芥蓝主要有哪些品种

（1）早熟品种　特点是耐热性强，在较高的温度下（27℃～28℃），花芽能迅速分化，降低温度对花芽分化没有明显的促进作用。可于4月中旬至8月上旬露地直播栽培，主要品种有柳叶早芥蓝、抗热芥蓝。

（2）中熟品种　适宜露地及保护地栽培，全年生产供应市场。主要品种有登峰芥蓝、佛山中迟芥蓝、台湾中花芥蓝。

（3）晚熟品种　比“佛山中迟”芥蓝、“台湾中花”芥蓝两种类型耐热性差。较低温度和延长低温时间能促进花芽分化，在较高的温度下也能花芽分化，但需时间较长。并且这类品种的产量比早熟种高。主要品种有“客村铜壳叶”芥蓝、“三员里迟花”芥蓝。

41. 芥蓝在什么季节栽培比较好

在吉林省春秋两季栽培产品质量好、产量高，夏季高温期栽培易提早抽薹，产品品质下降。利用露地和保护地基本可以周年栽培供应。5～9月播种可以选用“香港白花”芥蓝、“柳叶早”芥蓝等早熟品种进行露地栽培，9月至第2年4月播种可选中花、中迟芥等中晚熟品种进行保护地栽培。

42. 芥蓝如何进行播种育苗

（1）播种　生产上采用育苗移栽，可提前上市，提高产品质量。每亩需用种75～100克。育苗地应选择排灌方便的沙壤土或壤土，最好前茬不是十字花科蔬菜的土地。整地时要多施腐熟的有机肥，用撒播方式进行播种。

（2）育苗　要经常保持育苗畦湿润，苗期施用速效肥2～3次，播种量适当，注意间苗，避免幼苗过密徒长成细弱苗。苗龄25～35天可达到5片真叶。间苗时间一般在2片真叶出现以后进行。

（3）优良壮苗标准　选择生长好、茎粗壮、叶面积较大的嫩壮苗，不宜用小老苗。

43. 芥蓝生产如何进行整地和定植

（1）整地　选用保肥保水的壤土，精细整地，每亩施入基肥腐熟农家肥3000～4000千克、过磷酸钙25千克，翻入土壤混合均匀，土粒打细，做平畦，夏季栽培做小高畦。

（2）定植　露地栽培栽苗应在下午进行，保护地栽培宜在上午进行。栽苗日期确定后，在栽苗前一天下午给苗床浇1次透水，以便于次日挖苗。定植当天随挖苗，随即运到定植地块，按一定的行株距进行栽苗。一般早熟种行株距为25厘米×20厘米，中熟种行株距为30厘米×22厘米，晚熟种行株距为30厘米×30厘米。栽苗不宜深，以苗坨土面与畦面栽平或稍低1厘米为宜。苗栽好后，随即进行浇水。

44. 芥蓝如何进行田间管理

（1）水肥管理　根据当时温湿度情况及时浇缓苗水。缓苗后叶簇生长期适当控制浇水。进入菜薹形成期和采收期，要增加浇水次数，经常保持土壤湿润。基肥与追肥并重，追肥随水施，一般缓苗后3～4天要追施少量的氮肥，现蕾抽薹时追施适当的速效性肥料。主薹采收后，要促进侧薹的生长，应重施追肥

2～3次。

（2）中耕培土　芥蓝前期生长较慢，株行间易生杂草，要及时进行中耕除草。随着植株的生长，茎由细变粗，基部较细，上部较大，头重脚轻，要结合中耕进行培土、施肥，最好每亩施入1000～2000千克有机肥。

45. 芥蓝如何进行病虫害的防治

芥蓝的病害较少，在高温高湿时易发生细菌性病害黑腐病。

黑腐病成株叶片发病多发生于叶缘部位，呈“V”形黄褐色病斑，病斑的外缘色较淡，严重时叶缘多处受害至全株枯死。幼苗染病时其子叶和心叶变黑枯死。防治上应选用抗病品种，避免与十字花科蔬菜连作，发现病苗及时拔除，初发现病斑即喷洒杀菌剂，可用百菌清等药剂进行防治。

温室栽培在温度偏低、湿度大时叶片、茎和花梗易发生霜霉病。发病初期要及时摘除病叶，立即喷洒药防治，常用药剂是40％疫霜灵可湿性粉剂300倍液、75％百菌清可湿性粉剂600倍液、50％敌菌灵可湿性粉剂500倍液或65％代林辛可湿性粉剂500倍液。

常见虫害有菜青虫、小菜蛾和蚜虫。苗期用杀虫剂防治，可用敌百虫1000倍液进行防治。

46. 芥蓝在采收时应注意些什么

（1）采收时间　当主花薹的高度与叶片高度相同，花蕾欲开而未开时，即“齐口花”时及时采收。优质菜薹的标准是薹茎较粗嫩，节间较疏，薹叶细嫩而少。

（2）采收方法　主菜薹采收时，在植株基部5～7叶节处稍斜切下，并顺便把切下的菜薹切口修平，码放整齐。侧菜薹的采收则在薹基部1～2叶节处切取。采收工作应于晴天上午进行。

（3）采后保鲜贮藏　芥蓝较耐贮运，采收后如需长途运输的应放于筐内，在1℃～3℃恒温、96％相对湿度室内进行预冷，约24小时后便可用泡沫塑料箱包装运输，或贮存于5℃的冷库中。

八、香　芹

47. 香芹有什么特点

香芹，别名法国香菜、洋芫荽、荷兰芹、旱芹菜、欧芹等，为伞形花科欧芹属一二年生草本植物。食用嫩叶作香辛蔬菜。鲜根、茎汁可供药用。香芹原产地中海沿岸，我国近些年才较多栽培，主要供西餐业应用，是西餐中不可缺少的香辛调味菜及装饰蔬菜。

48. 香芹对环境条件有什么要求

香芹要求冷凉的气候和湿润的环境。种子需吸足水分才能发芽，发芽始温 4℃，最适发芽温度为 20℃左右。植株生长适温 15℃～20℃。耐寒力较强，幼苗能忍受－4℃～－5℃的低温，长成株能忍受短期－7℃～－10℃的低温。不耐热，气温较高时易发生徒长，叶肉变薄，易受红蜘蛛等为害。

花芽分化时要求有一定大小的苗，一般在幼苗发棵后，需要 5℃以下的低温和较长的日照才能通过春化阶段行花芽分化。长日照能促进花芽形成，抽薹期要求较高的温度。

营养生长期需要充足的光照。不耐干旱，也不耐涝。要求保水力强、富含有机质的肥沃壤土或沙壤土。对硼肥反应较敏感，缺硼时易发生裂茎。

49. 吉林省香芹的市场如何，什么时间栽培效益比较好

目前香芹市场全年需求，但数量不大，产品是鲜嫩的叶片，不耐贮藏保鲜，所以最好在保护地安排周年栽培均衡上市才能满足市场需求，取得较好的经济效益。香芹从播种至初收叶片，需 100～130 天，可延续采收 120～180 天，生育期长达 1 年。

50. 香芹如何进行播种育苗

香芹生长期较长，在生产中要进行育苗移栽。香芹种子的皮厚而且坚硬，并有油腺，难吸水，发芽慢而参差不齐，宜浸种催

芽。浸种12～14小时后用清水冲洗，并轻揉搓去老皮，摊开晾干再播。

育苗苗床内的温度白天维持20℃～25℃，夜间不低于15℃。齐苗后苗床温度白天20℃，夜间10℃～15℃。要小水勤喷，并看苗势结合喷水进行1～2次叶面喷肥，用0.1%的磷酸二氢钾+0.2%尿素。夏季育苗要遮阳降温。

当长出5～6片真叶时定植。行距30～40厘米，株距12～20厘米。

51. 香芹在田间管理上应注意些什么

（1）及时追肥　香芹定植缓苗后，每亩施用复合肥15千克或碳酸氢铵20～25千克，以后每隔1个月追肥1次。采收期间每采收1～2次后，追施尿素5～10千克，或用0.3%～0.5%尿素加0.3%磷酸二氢钾进行叶面喷肥。

（2）及时摘除黄叶和基部腋芽抽生的侧枝叶　越冬栽培要注意温度的管理，及时灌溉，保持土壤湿润，一般每10天要灌1次透水。

（3）及时进行病虫害的防治　干旱时会有蚜虫、白粉虱为害，需随时检查防治。

52. 香芹如何进行采收

香芹是一次栽植多次采收叶片的香辛菜，要适时和适量，才能保证质量和产量。适时的采收期，一般是在香芹植株叶片总数有15片，心叶已经团棵并横向伸展，已开始封垄时开始采收，过早采收会影响植株的生长，降低产量。

采收时要注意基部一轮的老叶不要采摘，留做制造光合产物的功能叶；靠上部新生出的幼叶和未长成的叶片还要继续长大，也应留下待成长后再采收，每次采收时只收摘植株中部商品质量好，老嫩适中的2～4片已长成的叶片。春夏季每3～4天可采收1次，冬季则需7～10天采收1次。采收时手要轻，不要扯伤嫩叶和新芽，为保护腋芽不受损伤，可用剪刀在叶片基部下留1～2

厘米剪收。

九、蕹　菜

53. 蕹菜有什么特点

蕹菜又名空心菜，其采收期长，是夏季速生叶菜，抗逆性非常强，不受高温、暴雨的限制，是有效调剂北方夏季少叶菜、多果菜结构的一个特菜品种。在南方旱栽、水植并存，在北方主要以旱栽为主。

54. 蕹菜对环境条件有什么要求

蕹菜喜高温多湿环境，耐热力强，不耐霜冻，遇霜冻则茎叶枯死，生长适温为25℃～30℃，10℃以下生长停滞。喜水肥，栽培时土壤要保持湿润，采收后要及时追肥。

55. 蕹菜的主要栽培技术有哪些

（1）播种、育苗与定植　蕹菜可露地直播，也可育苗移栽。吉林省播种和移栽一般在5月中旬以后陆续进行，可一直延续到8月份。利用保护设施，播种期可提前。露地直播采用条播或点播，行距30厘米～35厘米。点播穴距15厘米～20厘米，每穴点种子2～3粒。直播亩用种量10千克左右，当苗高3厘米左右便可分批进行间苗。

育苗移栽多采用平畦育苗，撒播。

蕹菜种子种皮厚而坚硬，吸水慢。早春气温低，出苗缓慢。应于播种前浸种24小时进行催芽，播后盖细土1厘米厚，以利种子出芽和扎根，并覆塑料薄膜提温保湿，待苗出土后撤膜。5～7天后出苗。当苗高15～20厘米时分批取大苗移栽定植。每穴1～2株。

（2）肥水管理　露地栽培宜选择地势低，土壤湿润而肥沃的地块。进入夏季，气温升高，植株生长迅速，需肥需水量大，要勤追肥、浇水。追肥以速效氮肥为主，搭配施用一定的磷、钾肥，追肥应掌握先轻后重的原则。土壤要保持湿润状态，尤其是高温干旱季节，要勤浇水、浇大水。为促使茎叶迅速生长，提早采梢上市，可用20毫克/千克赤霉素对幼苗进行叶面喷雾，每隔7～10天喷1次，共进行2～3次。

56. 蕹菜怎样进行采收上市

蕹菜适时采收是夺取高产高效的重要措施。蕹菜苗高30～40厘米，便可进行第1次采收，以后进行多次采收。

在进行第1～2次采收时，藤茎基部要留足2～3个节，以利采收后新芽萌发，促发侧枝，争取高产。采收3～4次后，应对植株进行1次重采。即藤茎基部只留1～2个节，因此期藤蔓数大大增加，如果留藤过长，节数过多，则侧枝发生过多，导致生产纤弱缓慢，影响产量和品质。藤茎过密或生产衰弱时，可疏去部分过密过弱的枝条，达到植株更新复壮的目的。

57. 蕹菜如何进行病虫害的防治

主要病害有苗期的猝倒病和茎腐病，是由于苗期气温低，相对湿度过大引起的，可通过降湿减轻病害的发生，并用瑞毒霉700倍或卡霉通800倍喷雾防治。

主要虫害有螨类和红蜘蛛，可用克螨特1000倍或卡死克1500倍喷雾防治。

十、球茎茴香

58. 球茎茴香有什么特点

球茎茴香别名意大利茴香、甜茴香，为伞形花科茴香属茴香种的一个变种，原产意大利南部。近些年我国一些大中型城市和沿海城市为满足涉外饭店及大型超市日益增长的市场需求，纷纷引种栽培。球茎茴香和我国种植近2000年的小茴香是同一种植物，两者从叶色、叶形、花序、果实、种子等植物学性状及品质、风味等其他特征上相比，都极为相似，只是球茎茴香的叶鞘基部膨大、相互抱合形成一个扁球形或圆球形的球茎。成熟时，球茎可达 250～1000 克，成为主要的食用部分，而细叶及叶柄往往是在植株较嫩的时候食用，可做馅。种子同小茴香一样具有特殊的香气，可作调料或药用。

59. 球茎茴香对环境条件有什么要求

（1）对温度的要求　球茎茴香喜冷凉气候，在旬平均气温 10℃～22℃条件下生长良好。种子萌发的适宜温度为 20℃～25℃，生长的适宜温度为 15℃～20℃，白天不宜高于 25℃、夜间不低于 10℃，过高或过低都将影响生长和品质。苗期能耐－4℃低温和 35℃高温。幼苗在 4℃左右低温下才能通过春化。

（2）对水分的要求　球茎茴香在整个生长发育过程中对水分要求严格，但在苗期及叶鞘膨大期，要求较高的空气相对湿度和湿润的土壤，不宜干旱。

（3）对光照的要求　球茎茴香属长日照植物，全生长过程都需要充足的光照。

（4）对土壤的要求　球茎茴香对土壤要求不严格，pH 值为 5.4～7.0 的范围内均能正常生长。栽培上宜选择保肥、保水力强的肥沃壤土种植。肥料以氮、钾需求量略多，苗期对肥料需求量较少。

60. 球茎茴香适合在什么季节栽培

吉林省在露地和保护地均可生产，可以做到周年生产供应。在春季露地栽培必须选择较耐热和对光照要求不严格的早熟品种，如日本的早球茎茴香等品种。夏秋栽培各品种均可。

61. 球茎茴香如何进行播种育苗

（1）播前的种子处理　种子用 50％多菌灵可湿性粉剂拌种，可有效防止球茎茴香软腐病的发生，用量为种子重量的 2％～3％。也可以用温水浸种方法处理种子，播前用 48℃～50℃温水浸种 25 分钟可去除种子表面带菌。

（2）播种育苗技术　球茎茴香主要采取育苗移栽方式进行生

产。夏秋季露地育苗要选地势较高、排水良好的地块。

①苗床育苗　如育苗期正处于气候炎热的季节，应选择四面通风，排水条件好，灌水方便的场地，做好防雨降温工作，最好配备遮阳网。苗床每平方米施腐熟有机肥 2～3 千克、硫酸铵 0.05 千克、过磷酸钙 0.02～0.3 千克，将这些肥料均匀地掺入土中，拌匀、耙平；然后开沟，沟距 10 厘米、沟深 1 厘米，将种子均匀的撒进沟内，然后覆土浇水。出苗后进行间苗，间隔 2～3 厘米留 1 株无病的健壮苗，3～4 片真叶时再间苗 1 次，间隔 4～5 厘米。苗期应小水勤浇，保持土壤见干见湿，定植前浇 1 次透水，第 2 天切方，囤苗。播种后 25～30 天，4～5 片真叶时定植。起苗时，要避免伤根。

②穴盘育苗　球茎茴香叶片稀疏直立，根系分生能力弱，育苗也可选用穴盘育苗。采用美式的 288 孔苗盘每 1000 盘备用基质 2.76 立方米，采用韩国式的 288 孔苗盘每 1000 盘备用基质 2.92 立方米。球茎茴香育苗基质以草炭和蛭石为主，草炭：蛭石＝2：1或 3：1，或草炭：蛭石：废菇料＝1：1：1，配制基质时可加入一定的叶类菜基质专用肥，为了防止基质带菌，每立方米基质加入多菌灵 100 克，或百菌清 200 克，将肥料、杀菌剂与基质混拌均匀后备用。

播种覆盖完毕后将育苗盘喷透水（水从穴盘底孔滴出），球茎茴香从种子萌发至第 1 片真叶出现需 8～10 天，基质应保持较高的湿度，水分含量为最大持水量的 85％～90％，从第 1 片真叶到成苗需 20 天左右，水分含量应保持在 70％～75％。由于夏季温度高蒸发量大，每 1～2 天喷 1 次水。苗期 2 叶 1 心后，结合喷水进行1～2次叶面喷肥，可选用 2％～3％的尿素和磷酸二氢钾液喷洒。球茎茴香性喜冷凉，生长的适宜温度为 20℃～25℃，为防止高温危害，晴天中午用遮阳网覆盖 2～3 小时。定植前 3～5 天不进行遮阳网覆盖，使菜苗处于自然条件下进行适应锻炼。7～8 月育苗应注意防高温危害，营养块或育苗钵结合 50％黑色遮阳网覆盖育苗，防止高温暴雨并缩短日照时间。

62. 球茎茴香如何进行定植

幼苗5～6片真叶、高20厘米左右时定植。苗床育苗的应在起苗前充分浇透水，带土坨定植，选择阴天或傍晚进行。畦宽120厘米，每畦种3行，畦内行距不少于30厘米，株距25～30厘米，亩植6000株左右。在冬季温室栽培，弱光条件下不宜种植过密，以免光照不足，球茎过小，品质下降。种植后及时浇足定根水。

63. 球茎茴香如何进行定植后的田间管理

定植后主要加强水肥的管理，定植水后至缓苗一般再浇2次水，保持田间土壤湿润，新叶长出后进行中耕除草，蹲苗7～8天，待苗高30厘米左右时，追肥1次，每亩随水施硫酸铵15千克或碳酸氢铵20千克。球茎开始膨大时追施第2次，用肥量可加大30%。球茎迅速长大期再追施1次，用肥量同第1次。

浇水要根据生长情况而定，苗期适当少浇，防止叶片徒长，球茎开始膨大后要适当多浇，但要浇得均匀，不要忽干忽湿，以致造成球茎外层爆裂。

64. 球茎茴香如何进行病虫害的防治

球茎茴香的抗病性很强，新的菜区很少发生病害，老菜区及保护地栽培，有时因管理不善而发生幼苗猝倒病和菌核病。

（1）猝倒病的防治方法　苗期不使用大水漫灌，控制环境的湿度，初发现病株及时清除，并喷洒70%乙磷·锰锌可湿性粉剂500倍液，或64%杀毒矾可湿性粉剂稀水500倍，或72%杜邦克露可湿性粉剂对水800倍，每7～10天喷洒1次，连喷2～3次。

（2）菌核病的防治方法　注意菜田轮作，种植前应对前作物及时清理、灭菌，定植时可用40%亚氯硝基苯粉剂0.4千克拌25千克细土施入土壤灭菌。栽培上注意调节田间湿度，尤其低温期间不宜浇水过多，施肥上不要偏施氮肥，适当增施磷钾肥。如发现有发病的迹象，可喷50%氯硝氨可湿性粉剂800倍，或菌核净40%可湿性粉剂500倍，或50%速克灵可湿性粉剂1500～2000倍。

（3）虫害防治　主要有蚜虫和凤蝶幼虫，可用0.5%芦藜碱醇溶液800～1000倍喷洒消灭。

65. 球茎茴香采收上应注意些什么

球茎茴香从播种至采收球茎需75天左右，此时球茎长至250克以上即可收获，上市时要求无黄叶，根盘要切净，球茎上留5厘米左右长的叶柄，其余部分全切去。

十一、紫　苏

66. 紫苏有什么特点

紫苏别名赤苏、白苏、香苏等，为唇形科1年生草本植物具有特异的芳香，原产中国，主要分布于印度、缅甸、中国、日本、朝鲜、韩国、印度尼西亚和俄罗斯等国家。我国华北、华中、华南、西南及台湾均有野生种和栽培种。紫苏在我国种植应用近2000年的历史，主要用于药用、油用、香料、食用等方面，其叶（苏叶）、梗（苏梗）、果（苏子）均可入药，嫩叶可生食、做汤，茎叶可腌渍。近些年来，紫苏因其特有的活性物质及营养成分，成为一种备受世界关注的多用途植物，经济价值很高。

67. 紫苏对环境条件有什么要求

紫苏性喜温暖湿润的气候。种子在地温5℃以上时即可萌发，适宜的发芽温度18℃～23℃。苗期可耐1℃～2℃的低温。植株在较低的温度下生长缓慢。夏季生长旺盛。开花期适宜温度是22℃～28℃，相对湿度75%～80%。较耐湿，耐涝性较强，不耐干旱，如空气过于干燥，茎叶粗硬、纤维多、品质差。对土壤的适应性较广。对光照要求不严，在较阴的地方也能生长。

68. 紫苏在什么季节栽培

在吉林省可于4月中下旬露地播种，也可育苗移栽，在6～9月可陆续采收叶片或9月末采收种子。

69. 紫苏如何进行栽培

一般采取直播生产，可进行条播和穴播。当地表 5 厘米处地温达到 2℃以上时即可开始播种，条播按行 40～50 厘米开沟，沟深为 1.5～2.5 厘米，播后覆盖 1 厘米左右薄土。穴播按株行距 50 厘米×60 厘米。播种后保持土壤湿润，温度适宜（约 25℃）5～7天即可出苗。

70. 紫苏如何进行田间管理

紫苏在整个生长期，要求土壤保持湿润，利于植株快速生长。在紫苏生长期根据叶色变淡及分杈枝条应及时追施氮肥 1～2 次，每次亩施速效氮肥 10 千克、过磷酸钙 10 千克。

在管理上，要特别注意及时打杈。紫苏分枝力强，有效节位一般可达 20～23 节。对所生分枝应及时摘除，如果不摘除分杈枝，既消耗了养分，拖延了正品叶的生长，又减少了叶片总量而减产。打杈可与摘叶采收同时进行。对不留种田块的紫苏，可在 9 月初植株开始生长花序前，留 3 对叶进行打杈摘心。

71. 紫苏如何防治病虫害

紫苏的病害很少。主要病害有锈病，可用 50%托布津 1500 倍进行防治，连续喷药两次，每周 1 次。

主要害虫有叶螨、蚜虫、青虫和蚱蜢等，可用残效期短的强力杀虫剂喷治，如用 60%速灭杀丁乳剂 10000 倍液等进行防治，喷药一定要在叶片采摘后立即进行，为降低农药残留量，可延后下一次采叶时间，两对叶片同时采摘。

72. 紫苏在采收时应注意些什么

如采收食用嫩茎叶进行生产，可随时采摘。一般于 5 月下旬或 6 月初，秧苗从第 4 对至第 5 对真叶开始即达到采摘标准。6 月中下旬及 7 月下旬至 8 月上旬，叶片生长迅速，是采收高峰期，3～4 天可以采摘 1 对叶片，其他时间一般每隔 6～7 天采收 1 对叶片。如采收种子进行生产时，应适当进行摘心处理，即摘除部分茎尖和叶片，以减少茎叶的养分消耗并能增加通透性。由于紫苏种子极易自然脱落和被鸟类采食，所以种子40%～50%成熟时割下，在准备好的场地上晾晒数日，脱粒、晒干。如不及时采收，种子极易自然脱落或被鸟食。

十二、落　葵

73. 落葵有什么特点

落葵又名木耳菜、软浆叶、藤菜、胭脂菜等。落葵原产中国和印度。中国栽培历史悠久，在公元前300年即有有关落葵的记载。目前中国南方各省栽培较多，在北方也有栽培，一直列入稀特蔬菜。落葵的营养价值很高，落葵以嫩茎叶供食，可炒食、烫食、凉拌。其味清香，清脆爽口，如木耳一般，别有风味。全株可入药。种子和叶片入中药，味甘、微酸、冷滑，有散热、利尿、润泽人面、清热凉血之功效。

74. 落葵主要有哪些品种

落葵的种类很多，根据花的颜色，可分为红花落葵、白花落葵、黑花落葵。作为蔬菜用栽培的主要为红花落葵和白花落葵。

（1）红花落葵　茎淡紫色至粉红色或绿色，叶长与宽近乎相等，侧枝基部的几片叶较窄长，叶基部心脏形。常用的栽培品种有赤色落葵、青梗落葵、广叶落葵。

（2）白花落葵　又叫白落葵、细叶落葵。茎淡绿色，叶绿色，叶片卵圆形至长卵圆披针形，基部圆或渐尖，顶端尖或微钝尖，边缘稍作波状。

75. 落葵主要在什么季节栽培

落葵从播种至开始采收时间很短，加上耐热、耐湿，所以在吉林省露地晚霜过后至8月可陆续播种。在日光温室或塑料大棚中进行生产，需要育苗移栽。

76. 落葵播种育苗技术主要有哪些

落葵种皮坚硬，发芽困难，播种前必须进行催芽处理。先用

35℃的温水浸种1～2天，捞出后放在30℃的恒温条件下进行催芽。4天左右种子即“露白”。夏秋播种，种子只需浸种，不需催芽。

如早春在温室育苗，苗期应尽量提高苗床温度，保持白天30℃左右、夜间15℃～20℃。出苗后经常浇水，保持土壤湿润。苗龄30～35天，6～7片真叶时即可定植。

露地栽培多采用直播方式。以采收嫩梢或幼苗的不搭架栽培，用撒播或条播法。

77. 落葵如何进行田间管理

（1）整地施肥　播种定植前每亩施腐熟的有机肥3000～4000千克、过磷酸钙50千克，深翻、耙平，做成平畦，露地夏季栽培要做成小高畦，防止雨涝。

（2）田间管理　进行育苗移栽栽培时，在露地晚霜过后定植于大田。以采食叶片进行搭架栽培时，株行距为30～40厘米×40～60厘米，每穴1～5株；以采食嫩梢进行不搭架栽培时，株行距为15～20厘米×30～40厘米，每穴1～3株。

落葵生育期要求湿润的土壤环境。因此，从出苗后至拉秧，要经常浇水，保持土壤湿润。春季3～5天1次，夏季、秋季2～3天1次。落葵怕积水烂根，大雨后应及时排水防涝。

在2～3片叶苗期追第1次肥，每亩施尿素10千克。育苗栽培的，定植缓苗后，于5～6叶期追第2次肥，施肥量同第1次。以后每10～15天追1次肥，或每采收1次追1次肥。每次每亩尿素10～20千克。施肥的原则是前期少些，中期多些，后期重施，以促进发生新梢，叶片肥大。

以采食叶片为主的搭架栽培时，在植株高20～30厘米时，应搭架引蔓上架。以此改善通风通光条件，使植株在空间得到均匀、合理地分布。搭架一般用1.5～2米的竹竿，每穴1竿扎成“人字”架，或篱壁架。开始应引蔓上架，后植株自动攀缘上架。

落葵整枝的关键是摘除花茎和过多的腋芽，防止生长中心过快转移，减少过多的生长中心，保证稳产和高产。

78. 落葵在采收时应注意些什么

采收嫩叶上市时，前期每15～20天采收1次，生长中期10～15天采收1次，后期10～17天1次。采收嫩梢上市时，可用刀割或剪刀剪。梢长10～15厘米时剪割，每7～10天1次。也可用前后期割嫩梢，中期采嫩叶的方法。

79. 落葵如何进行病虫害的防治

（1）褐斑病　又称鱼眼病、红点病、蛇眼病等。主要侵害叶片。叶病斑近圆形，直径2～6毫米不等，边缘紫褐色，斑中央黄白色至黄褐色，稍下陷，质薄，有的易穿孔。

防治方法：适当密植，改善通风透光条件，避免浇水过多和施氮肥过多。发病初喷75％百菌清可湿性粉剂600倍液，或40％万多福可湿性粉剂800倍液，或50％速克灵2000倍液，每7～10天喷1次，连喷2～3次。

（2）灰霉病　生长中期始发病。侵害叶、叶柄、茎和花序。初呈水渍斑，后迅速蔓延致叶腐烂，茎易折断。病部可见灰色霉层。

防治方法：加强肥水管理，注意排水防涝，增施磷、钾肥，提高抗病力。发病初可用：50％苯菌灵可湿性粉剂1500倍液，或50％农利灵可湿性粉剂1000倍液，或50％速可灵可湿性粉剂155倍液，每10天喷1次，连喷2次。

（3）落葵苗腐病　又称苗枯病。主要侵害幼苗茎基部和叶片。茎基染病，初现水渍状近圆形或不定形斑块，后迅速变为灰褐色至黑色腐烂，致植株折倒，叶片脱落。湿度大时，病部长出白色至灰白色菌丝。叶片染病，初显暗绿色近圆形或不定形水浸状斑，干燥时呈灰白色或灰褐色，病部似薄纸状，易碎或穿孔。湿度大时，病部长出白色棉絮状物。

防治方法：及时拔除病株，清洁田园，减少田间病源；适当浇水，及时排除田间积水，降低田间湿度；发病初喷70％乙磷锰锌可湿性粉剂 500 倍液，或 58%甲霜灵锰锌可湿性粉剂 500 倍液，或杜邦克露 800 倍液，每 7～10 天喷 1 次，连续喷 2～3 次。

(4) 落葵叶斑病　主要侵害叶片。叶斑圆形或近圆形，边缘紫褐色至暗紫褐色，分界明显，斑面黄白色至黄褐色，稍下陷。后期病部生出黑色小粒点。

防治方法：是采用高畦或高垄栽培；雨季及时排水，降低田间湿度；发病初喷 50%苯菌灵可湿性粉剂 1500 倍液，或 50%腐霉灵可湿性粉剂 1000 倍液，每 7～10 天喷 1 次，连喷 2～3 次。

十三、京 水 菜

80. 京水菜有什么特点

我国特菜产区称之为"水晶菜"。京水菜是日本最新育成的一种外形新颖、含矿质营养丰富的蔬菜品种，全称"白茎千筋京水菜"。为十字花科芸薹属白菜亚种的一个新育成品种。以绿叶及白色的叶柄为产品的 1 年或 2 年生草本植物。外形介于不结球小白菜和花叶芥菜（或北方的雪里蕻）之间，口感风味类似于不结球小白菜，具有十字花科芸薹属白菜亚种特有的清香，品质柔嫩。可采食菜苗，掰收分芽株或整株收获。市场性好。

81. 京水菜目前种植的品种有哪些

目前种植的品种主要有早生种、中生种和晚生种。

(1) 早生种　植株较直立，叶的裂片较宽，叶柄奶白色，早熟，适应性较强，较耐热，可夏季栽培。品质柔软，口感好。

(2) 中生种　叶片绿色，叶缘锯状缺刻深裂成羽状，叶柄白色有光泽，分株力强，单株重 3 千克，冬性较强，不易抽薹。耐寒性强，适于北方冬季保护地栽培。

(3) 晚生种　植株开张度较大，叶片浓绿色，羽状深裂。叶柄白色，柔软，耐寒性强。不易抽薹，分株力强，耐寒性比中生种强，产量高，不耐热。

82. 京水菜对环境条件有什么要求

京水菜喜冷凉的气候，在平均气温 18℃～20℃和阳光充足的条件下生长最宜，在 10℃以下生长缓慢，不耐高温；喜肥沃疏松的土壤；生长期需水分较多，不耐涝。

83. 京水菜用什么方式栽培比较好

京水菜适宜于在冷凉季节栽培，夏季高温期间种植效益较差，尤其是在高温多雨天植株易腐烂而失收，但是如能根据条件改变栽培方法，也能全年生产，周年供应。

夏季栽培可直播，防涝栽培，收获小株。冬春季节保护地栽培，以育苗移栽方式进行栽培。

84. 京水菜如何进行育苗和定植

（1）育苗　京水菜苗期生长较缓慢，且小苗纤秀，宜育苗移栽。可用穴盘育苗或选用肥沃疏松壤土作苗床育苗，1 平方米播种量 15 克，出 2～3 片真叶后分苗或疏播，待 6～8 片真叶时直接移栽大田。苗床育苗移栽每公顷用种量约 450 克，用穴盘育苗则用种量少，且定植成活率可达 100％。

（2）定植　整地时要施入腐熟的农家肥做基肥，施用量看地力及肥源而定，如施入的基肥充足，定植后可不追肥或少追肥，在地下水位较高的地块及雨水多的季节，宜用高畦栽培。

定植密度：以采收叶及掰收分生小株的栽培，可按株距 20 厘米、行距 25～30 厘米种植，每公顷栽 12 万～15 万株。若一次性采收大株的需稀些，株距 50 厘米，行距 60 厘米，每公顷植 3.3 万株。定植后行间间种短期生的小菜，如樱桃萝卜。也可按 25 厘米×30 厘米的密度种植，中期间拔采收一半。

定植时不宜种植过深，小苗的叶基部均应在土面上，不然会影响植株生长及侧株的萌发甚至烂心。

85. 京水菜怎样进行田间管理

（1）水肥管理　浇定植水后 2～3 天，如土壤墒情差，宜再浇 1 次水，保持小苗不蔫垂。京水菜前期生长较缓慢，一般不追肥，当植株开始分生小侧株时，追施 2～3 次氮素化肥。采收前不宜再追肥。

（2）中耕除草　京水菜前期生长慢，不间种的地要及时中耕除草，浅松土。掰收分株的采收后及时除去杂草。

86. 京水菜怎样进行病虫害的防治

在低温和极度潮湿的环境下易发生霜霉病。以保护地冬春栽培较多发，栽培上要注意合理灌溉，增施磷、钾肥提高植株的抗性。冬春保护地栽培用中、晚熟种较抗霜霉病。药剂防治可喷洒百菌清等。

虫害主要有蚜虫，保护地有白粉虱。喷洒“一喷净”即可防治。

87. 京水菜怎样进行采收上市

（1）小株采收　当京水菜苗高 15 厘米左右时，可整株间拔采收，是火锅的上等配菜。

（2）分株的采收　京水菜定植后约 30 天，基部已萌生很多侧株，可陆续掰收，但一次不宜收得太多，看植株的大小掰收外围一轮，待长出新的侧株后陆续收获。

（3）大棵割收　植株长大封垄时，进行一次性割收上市。

十四、番　杏

88. 番杏有什么特点

番杏别名新西兰菠菜、洋菠菜、夏菠菜等，为番杏科番杏属 1 年生半蔓性肉质草本植物，以嫩茎叶为食用器官，原产澳大利亚、东南亚及智利等地，主栽区分布在热带和温带，我国东南沿海曾在很早以前就引进栽培。番杏具有较强的抗逆能力，易栽培，极少病虫害，是一种不需用农药的无公害的绿色蔬菜。据药理研究表明，番杏具清热解毒、利尿等功效，是一种很好的保健蔬菜。

89. 番杏对环境条件有什么要求

（1）对温度要求　番杏喜温暖湿润的气候，适应性很强，耐热耐寒，但地上部分不耐霜冻。在 8℃～30℃条件下均能萌发，适宜的萌发温度为 25℃～28℃；苗期生长的适宜温度为20℃～25℃，在夏季高温条件下仍能正常生长。可以短时间忍受 2℃～3℃低温。

（2）对湿度要求　番杏喜湿润的土壤环境，耐旱力强，不耐涝，湿润的土壤条件有利于番杏的生长发育，苗期土壤应保持见干见湿。整个栽培过程需水量均匀。番杏植株抗干旱，但过分的干旱会严重影响其生长发育，以致降低产量和质量。

（3）对光照要求　对光照条件要求不严格，较耐阴，在弱光、强光下均能生长良好，苗期给予充足的光照有利于壮苗的形成。

（4）对营养要求　喜肥沃的壤土或沙壤土，较耐盐碱，对氮肥和钾肥要求较多，栽培上宜以肥沃、疏松、湿润的土壤为佳。苗期应注意氮、磷、钾的配合施用。

90. 番杏生产如何进行整地

选择排灌方便的沙壤土或壤土田，播种前进行深耕，每亩施腐熟的有机肥 2000～3000 千克，耙细耙平后作畦。如低洼地块做成小高畦，高岗地块做成平畦或低畦，畦面宽 1～1.2 米。

91. 番杏如何进行播种育苗

（1）种子处理　番杏以果实繁殖，果皮较坚厚，吸水比较困难，在自然状况下发芽期长达 15～90 天，故播种前须进行预处理。处理的方法一是传统的温汤浸种法，将种子放在 45℃左右的温水中浸泡 1 天，然后再催芽；二是采用机械处理，方法是将粗沙与种子放在一起研磨，使种皮造成机械损伤，增加种皮的透水性，有利于促进种子萌发。

（2）播种育苗　由于番杏种子价格昂贵，播种后出苗参差不齐，直播时用种量比育苗移栽增加 2～3 倍，使成本增加，生产上应采取育苗移栽。育苗方法有两种，一种是直接用种子繁殖；另一种是在生产田中采集幼苗，培育成大苗后定植。

92. 番杏如何进行田间管理

（1）选地与整地　种植地块宜选排灌方便、肥沃的沙壤土或壤土，栽前施足底肥，每亩施腐熟的有机肥3000～5000千克。

（2）定苗与移栽　直播生产在4～5片真叶时，疏弱留强进行定苗，每穴留健壮的1～2株。移栽生产在幼苗4～5片真叶时进行定植，种植密度为株行距30厘米×（40～50）厘米。

（3）浇水　番杏以嫩茎叶为产品，缺水时叶片变硬，在生长期要经常浇水，保持土壤见干见湿，在雨季则要及时排水防涝，以免烂根。

（4）施肥　番杏的生长期长，每次采收后都发生侧芽，需氮、钾肥较多。因此，除在播种前施足基肥外，还应进行多次追肥，以提高产量。一般从播种至采收前，看生长势而追适量尿素和氯化钾，亩用尿素10～15千克、氯化钾5～10千克。每次采收后均要补肥1次。

（5）中耕除草　结合间苗进行中耕除草，间出的小苗可移植他处，宜带土移栽。植株封行后，要随时拔除杂草，免中耕。

（6）适度整枝　番杏的侧枝萌发力强，尤其是在肥水充足时，采收幼嫩茎尖后，萌发更多。生长过旺时应打掉一部分侧枝，使分布均匀，有利于通风透气和采光。

93. 番杏如何进行病虫害的防治

番杏的抗病虫能力很强，一般很少发生病虫害，只是偶尔有一些食叶害虫啃食叶片，可用90%晶体敌百虫1000倍液喷洒防治。

94. 番杏如何进行采收

苗期结合间苗、均苗，可收获幼苗食用，定苗后随着植株的生长陆续采收嫩茎尖。直播田一般从播种至始收约50天，间隔10天左右可采摘1次，露地生产一直可采收到霜降。每亩可产

3000～5000 千克。

十五、荠　菜

95. 荠菜有什么特点

荠菜又称护生草、菱角菜。荠菜为十字花科荠菜属中一二年生草本植物，以幼嫩的茎叶供食用，营养价值高，具有特殊的香味，药用价值也很高，全草可入药。原产我国，目前遍布世界，我国自古就采集野生荠菜食用，目前国内各大城市开始引种栽培。

96. 荠菜在吉林省什么季节可以栽培

露地春、夏、秋季栽培。4～8 月均可分批播种；棚室冬、春季栽培，可在棚室的底角、东西山墙等处撒播。应分批播种，分批采收，可以缓解冬春时令蔬菜紧缺状况，提高棚室利用率。

97. 荠菜对环境条件有什么要求

荠菜属耐寒性蔬菜，要求冷凉和晴朗的气候。种子发芽适温为 20℃～25℃。生长发育适温为 12℃～20℃，气温低于 10℃、高于 22℃则生长缓慢，生长周期延长，品质较差。荠菜的耐寒性较强，－5℃时植株不受损害，可忍受－7.5℃的短期低温。在 2℃～5℃的低温条件下，荠菜 10～20 天通过春化阶段即抽薹开花。

荠菜对土壤的选择不严，以肥沃、疏松的土壤栽培为佳。

98. 荠菜主要有哪些品种

主要品种有板叶荠菜、散叶荠菜和野生荠菜。

（1）板叶荠菜　又叫大叶荠菜，上海市地方品种。该品种抗寒和耐热力均较强，早熟，生长快，播后 40 天即可收获，产量较高，外观商品性好，风味鲜美，一般用于秋季栽培。

（2）散叶荠菜　又叫百脚荠菜、慢荠菜等。该品种抗寒力中等，耐热力强，冬性强，比板叶荠菜迟 10～15 天。香气浓郁，味极鲜美，适于春季栽培。

(3) 野生荠菜　常见的有阔叶型荠菜、麻叶（花叶）型荠菜、紫红叶荠菜。

99. 荠菜如何进行整地及播种

(1) 整地　荠菜播种时对地块的要求非常严格，要选择杂草较少的地块，畦面要整得细、平、软。土粒尽量整细，以防种子漏入深处，不易出苗，畦面宽1.2～1.5米，深沟高畦，以利排灌。

(2) 播种　荠菜用种要选1年以上的陈种子，通常撒播，播种时可均匀地拌和1～3倍细土。播种后用脚轻轻地踩1遍，使种子与泥土紧密接触，以利种子吸水，提早出苗。在夏季播种，可在播前1～2天浇湿畦面，为防止高温干旱造成出苗困难，播后用遮阳网覆盖，可以降低土温，保持土壤湿度，防止雷阵雨侵蚀。

100. 荠菜如何进行田间管理

在正常气候下，春播的5～7天能齐苗；夏秋播种的3天能齐苗。出苗前要小水勤浇，保持土壤湿润，促进出苗。出苗后注意适当灌溉，保持湿润为度，不能干旱，雨季注意排水防涝。雨季如有泥浆溅在菜叶或菜心上时，要在清晨或傍晚将泥浆冲掉，以免影响荠菜的生长。秋播荠菜在入冬前应适当控制浇水，防止徒长，以利安全越冬。

春夏栽培的荠菜，由于生长期短，一般追肥两次。第1次在两片真叶时；第2次在相隔15～20天后。每次每亩施尿素10千克。秋播荠菜的采收期较长，每采收1次应追肥1次，施量同春播荠菜。

荠菜植株较小，易与杂草混生，除草困难。为此，应尽量选择杂草少的地块栽培，在管理中应经常中耕拔草，做到拔早、拔小、拔了，勿待草大压苗，或拔大草伤苗。

101. 荠菜如何进行采收上市

春播和夏播的荠菜，生长较快，从播种到采收的天数一般为

30～50 天，采收的次数为 1～2 次。秋播的荠菜，从播种至采收为 30～35 天，以后陆续采收 4～5 次。采收时，选择具有 10～13 片真叶的大株采收，带根挖出。留下中、小苗继续生长。同时注意先采密的植株，后采稀的地方，使留下的植株分布均匀。采后及时浇水，以利余株继续生长。

102. 荠菜如何进行病虫害的防治

荠菜的主要病害有霜霉病。夏秋多雨季节，空气潮湿时易发生。发生初期可喷 75%百菌清 600 倍液防治。

荠菜的主要虫害有蚜虫。蚜虫为害后，叶片变成绿黑色，失去食用价值，还易传播病毒病。发现蚜虫为害时，应及时用 80%敌敌畏 1000 倍液喷雾防治。

十六、苋　菜

103. 苋菜有什么特点

苋菜是苋科苋属中以嫩茎叶为食的 1 年生草本植物，原名苋。炒食或做汤。全株可入药。原产我国，南方普遍栽培，是夏季主要叶菜之一。

104. 苋菜对环境条件有什么要求

苋菜耐热不耐寒，在 10℃以下种子发芽困难，生长不良。最适生长温度为 23℃～27℃，对土壤要求不严，较耐旱，但土壤肥沃、水分充足则生长快，产量高，品质好。从春到秋都可分期播种，一般播后 30～50 天即可收获。

105. 苋菜的栽培技术有哪些

（1）播种　多采取直播方式。因种子极小，要精细整地，播种要均匀，每亩播种量约 0.5 千克。多行育苗移栽，株行距 30 厘米×（15～20）厘米。因苋菜生长期短，也可作茄果类蔬菜的间作物栽培，以提高土地利用率。

（2）田间管理　春季生产从播种到出苗需 8～12 天，夏、秋季需 4～6 天。苋菜出苗后应保持土壤湿润，春播后可用塑料薄膜覆盖地面，出苗后撤去薄膜，适当浇水，待苗高 6～7 厘米时可结合浇水追肥，每亩施尿素 5～7 千克。追肥以速效性氮肥为主，多次轻施。夏季栽培正遇高温干旱，应与浇水结合，及时追肥，使茎叶长得幼嫩。

（3）收获　苗高 15～20 厘米时可间拔收获，每次收后应追肥，一般收 3～4 次。

106. 苋菜如何进行病虫害的防治

主要病害是白锈病，可在播前用种子重量 0.2%～0.3%的 25%雷多米尔可湿粉剂或 64%杀毒矾可湿性粉剂拌种；发病初期选喷 58%雷多米尔—锰锌可湿性粉剂 500 倍液或 50%甲霜铜可湿性粉剂 600～700 倍液防治。

主要虫害是蚜虫，可用 2.5%功夫乳油 4000 倍液喷雾防治。

十七、彩　色　椒

107. 彩色椒有什么特点

彩色椒是各种果皮颜色不同的甜（辣）椒的总称，为茄科辣椒属能结甜味或辣味浆果的一个椒类亚种的育成品种。由于它们是选用具有不同颜色花青素的遗传基因培育而成，因而有紫茄色、金黄色或橙红色皮的果实。彩色的柿子椒也含丰富的维生素 C 以及椒类碱等，性味辛热，具有温中、散热、消食等作用，有利于增强人体免疫功能，提高人体的防病能力。其中，椒类碱能够促进脂肪的新陈代谢，防止体内脂肪积存，从而减肥防病。彩色椒适于生食，切成块或丝做凉拌菜，使菜肴的色、香、味俱佳，市场前景非常好。

108. 彩色椒有什么主要品种

（1）橙色甜椒　中早熟甜椒，生长势强，叶片绿色方灯笼形果，果柄向下，成熟时果为橙色，单果重 150～200 克。此果味甜质脆，含糖量高，品质优，转色快，坐果多，较耐低温，抗病毒能力强，亩产3500～4500千克，适于保护地栽培。

（2）黄皮甜椒　为中早熟杂种1代甜椒。生长势强，果为方灯笼形，果面光滑，果柄下弯，嫩果为深绿色，成熟时为金黄色，单果重150克左右，品质优，含糖量高，坐果率高，转色快，抗病力较强，亩产3500～4500千克，适于保护地栽培。

（3）白皮甜椒　中早熟F_1代杂种，生长势强，叶片绿色，方灯笼形果，果柄下弯，嫩果为蜡白色，单果重120～150克，味甜质脆，品质优，转色快，抗病毒病能力强，坐果率高，亩产3500～4500千克，适于保护地栽培。

（4）紫色甜椒　早熟F_1代杂交种，生长势强，叶片绿色，灯笼形果，果柄下弯，商品果为紫色，单果重150克左右，味甜质脆，品质优，营养丰富，转色快，坐果多，抗病毒病能力较强，亩产3000～4000千克，适合保护地栽培。

109. 彩色椒对环境条件有什么要求

（1）对温度的要求　喜温，怕霜冻。种子发芽适温25℃～30℃，生育期适温20℃～30℃，苗期要求较高，白天为25℃～30℃、夜间15℃～18℃，温度过高则影响其花芽分化，过低则生长缓慢。开花结果期白天适温20℃～25℃、夜间15℃～20℃，温度过高或过低均影响其结实率。一般高于35℃时会妨碍花器生育和开花坐果。土温17℃～26℃为宜。

（2）对光照的要求　椒类属短日照作物，对光照要求不如对温度要求严格，但怕强光，只有在生育期需要较强的光照。一般只需中等强度的光照即可，如散射光。

（3）对水分和土壤的要求　椒类喜湿润的土壤条件，但又不耐涝。一般要求排水良好的地块栽培。过干过湿均不利于其生长，要求空气相对湿度为60%～80%、土壤相对含水量为80%左右。椒类喜中性或微酸性土壤，尤以土层深厚、疏松、富含有机质的沙壤土为佳，生长期需肥量较大，喜肥不耐肥。

110. 彩色椒如何进行育苗

（1）苗床准备　一般在日光温室内做育苗床，铺10厘米厚左右的营养土，营养土可用无病大田土加40%腐熟的有机肥，也可用营养钵育苗。

（2）催芽播种　用温汤浸种法将选出的无病虫害的种子浸入温水中4～6小时，捞出沥干于25℃～30℃下催芽，可用变温催芽，更利于出芽快、出芽齐。将露白的种子播入育苗床内或育苗钵内。

（3）苗期管理　椒类是喜温作物，播种后要保持土温白天在28℃～30℃、夜间不低于18℃，待出苗后再适当降温。

椒类幼苗分苗适期是第2片真叶展开前后。在分苗前先适当降温，锻炼幼苗，以提高分苗后成活率。移苗床基本与播种床相同，也可用营养钵，1钵1苗。苗床内密度一般为10厘米×10厘米，分苗后及时灌水，覆盖塑料薄膜保温，促其缓苗。白天温度25℃～28℃，夜间20℃左右。缓苗后可适当降温。

（4）水分管理　要根据苗床湿度大小确定水分使用量，保持土壤湿润。在此期间结合浇水，可追施复合肥2～3次，每次每亩10千克。

111. 彩色椒如何进行定植

（1）定植前准备　一般定植于温室和大棚中，定植前要将地块充分翻耕，同时施入腐熟的有机肥每亩5000千克左右，并施入一定量复合肥，深翻做成平畦或高畦。定植前5～7天，苗床内浇大水，水渗后用长刀把土切成方块，定植时带土坨起苗定植。定植前要炼苗，适当降低温度和控制水分。

（2）定植　定植时应选在晴天温度较高的时候进行，起苗后连土坨一起定植，定植株行距为30厘米×50厘米，每穴2株。定植后立即浇水，并保持棚内或温室内温湿度，以利缓苗。

112. 彩色椒如何进行田间管理

（1）温度管理　定植后要保持高温高湿，一般在塑料薄膜外加盖草苫子，使其不透风。白天温度28℃～30℃，夜间18℃～

20℃。约7天后缓苗，此时可适当通风，并降低温度，白天26℃～28℃、夜间15℃～18℃。因是春早熟栽培，外界气温较低，因而保证较高的温度是关键。温度过低，受精不良，影响开花结果。当外界温度稳定在白天25℃、夜间15℃以上时，可昼夜通风，并除掉部分薄膜。

（2）中耕及肥水管理　缓苗后，可根据土壤湿度情况再行浇水，然后进行蹲苗。蹲苗期间中耕2～3次，并进行培土。前期浇水不宜过大，待第1果坐住后，再适当加大浇水量，尤其在开花结果期应保持土壤湿润。追肥一般在第1果开始膨大后开始，每亩随水施入复合肥20千克，以后根据情况隔20天左右追施1次肥，一般随浇水施入。

（3）整枝及生长素调节　为了使植株间不因枝叶繁茂而互相遮阴，需要进行整枝，一般在第1果坐果后进行，将分叉以下的侧枝打掉，并摘除向内生的弱小枝条；中后期及时摘除老叶、病叶、黄叶，保持一定的株型，有利于植株通风，结果良好。彩色椒同其他普通椒类一样，遇到低温等不良气候，易造成落花落果。为防止这种现象发生，提高坐果率，可采用2，4－D蘸花。一般在开花时直接将10～15毫克/千克2，4－D或25～30毫克/千克番茄灵涂抹在花柄上或用洒花器喷施。

113. 彩色椒有哪些病虫害，如何进行防治

（1）病害防治　彩色椒主要病害有炭疽病、疫病、病毒病、疮痂病等。防治病害首先从种子开始，即种子消毒和床土消毒，可用温水浸种或浸泡硫酸等方法；第二是轮作，要与非茄果类蔬菜进行2年以上的轮作；第三是加强田间管理，提高植株抗病力；第四是用药物防治。如炭疽病可用80％炭疽福美800倍液于发病初期喷，每7天1次，连续2～3次；疫病可用40％甲霜灵600倍液灌根，每株200～500毫升，也可用58％瑞毒锰锌可湿性粉剂400～500倍液喷施；病毒病防治除了要防治蚜虫外，可用0.1％～0.2％硫酸锌液或1.5％病毒灵1000倍液喷洒防治。

（2）虫害防治　彩色椒主要害虫有蚜虫、蛴螬、地老虎、棉铃虫、烟青虫、红蜘蛛、茶黄螨等。防治害虫时可采用农业防治和生物防治，及时把带虫卵的幼小枝叶摘除埋掉，或喷洒 BT 乳剂等防治。药剂防治可采用杀灭菊酯乳油、菊马乳油、溴氢菊酯等。防治方法基本与普通椒类相同。

114. 如何进行彩色椒的采收

彩色椒同普通椒类一样在开花授粉后 30 天即可采收。对于门椒和对椒可适当提早采收，以利于后面结果良好。当彩色椒果肉肥厚、颜色鲜艳、皮色发光时即达到商品采收期，采收过早着色不好。

十八、人　参　果

115. 人参果有什么特点

人参果又名香艳茄、香艳梨，原产南美洲亚热带地区，于 20 世纪 80 年代末期引入中国，开始在南方城市少量栽培，后在北方发展。在民间称为人参果，是一种含维生素 C 较高的蔬菜，果肉清香多汁，风味独特，富含硒、维生素 C、钙，具保健功能，含糖量较低。果实耐贮藏，常温下可贮藏 30 天，低温冷藏 60 天。果实色泽美观，有一定观赏价值，可作为盆景栽培。

116. 人参果对环境条件有什么要求

人参果既不耐寒，又不耐高温，在 15℃～30℃的温度条件下生长发育良好，在 8℃～10℃以下不能正常结果，接近 0℃时会发生冻害，气温超过 39℃时，植株生长不良，开花不坐果。栽培地必须选择土层深厚、地势高燥、肥沃的地块。人参果较耐旱，极不耐涝，栽培地块应易灌能排。

117. 人参果在什么时间栽培

在吉林省人参果的栽培面积比较小，利用保护设施栽培有显著地增产效果。利用日光温室、大棚栽培时，可于 10 月至翌年 1

月在温室内育苗，于1月上旬至3月下旬定植，5～8月即可采收。秋季可于8月中旬至9月下旬定植，从10月开始，一直采收到翌年2～4月。

118. 人参果如何进行育苗

人参果可用种子繁殖，也可用扦插繁殖。

（1）种子繁殖　在肥沃、疏松的土壤上做育苗畦。如在3月前播种育苗，应在日光温室内苗床育苗。播种前，浸种2～4小时，后用纱布包裹，置于25℃条件下催芽，待芽“露白”后播种。播前畦内灌水，水渗下后，撒种，后覆土0.5厘米。播后立即扣严塑料薄膜，保持畦温白天20℃～28℃、夜间15℃～20℃。如夜间气温太低，应加盖草苫子保温，保持夜间不低于12℃。苗期保持土壤见干见湿，一般每7～10天浇1次水。有条件时，3～4叶期分苗1次。分苗株行距10厘米×10厘米。一般苗期70～90天，即可进行定植。

（2）扦插育苗　生产中多采用扦插育苗。扦插育苗繁殖速度快，而且能保持原来品种的特性。育苗床应选择土质疏松、肥沃的地块。如在冬春季育苗，应在日光温室等保护设施内进行，以防霜冻害。育苗畦整成平畦。人参果有大量萌发侧枝的特性，选粗壮的侧枝剪下，插入育苗床中。株行距为15厘米×15厘米，插入土中5～10厘米。插后立即浇水。在保护设施中育苗时，应立即扣严塑料薄膜，夜间加盖草苫子保温。保持白天20℃～28℃，夜间15℃～20℃。育苗期间经常浇水，保持土壤湿润，6～7天即可发根。20～30天，苗高25厘米左右即可定植。

119. 人参果如何进行定植

人参果为高产作物，定植前必须施足基肥。一般每亩施腐熟的有机肥1500千克，深翻，做成平畦或小高垄。在露地栽培时，应避开晚霜及初霜，防止霜冻。定植密度：平畦栽培时，株行距为60厘米×60厘米；单垄栽培时，垄宽80厘米，高20～30厘米，株距25～30厘米；双垄栽培时，垄宽150～160厘米，垄顶宽 60～70 厘米，栽双行，株距 25～30 厘米。定植深度以比原苗入土深度略深些为度。定植后立即浇水。

120. 人参果如何进行田间管理

（1）整枝搭架　当主干或所留的侧枝生长到 30 厘米左右时，要及时搭架。利用单干整枝时可搭“人”字架，利用双蔓或 3 蔓整枝时，可搭成篱架。架高不得低于 1 米。

（2）选留果实　一般人参果植株，第 1 穗花序因叶片营养面积不足一般不留果，及早疏去。从第 2 个花序留果，第 3 个花序疏去，第 4 个花序留果。每穗花序留果 3～4 个。在疏花时，应去白花留紫花。

（3）浇水与追肥　定植时浇 1 次水，坐果前土壤不十分干旱一般不浇水。不宜浇大水，防止茎叶生长过旺影响开花坐果。待第 1 花序坐果后浇第 1 次大水。结合浇水追第 1 次肥，每亩施复合肥 20 千克。以后保持土壤见干见湿，每 5～7 天 1 次。每浇两次水追 1 次肥，每次每亩追复合肥 20 千克。

（4）温度调节　在早春或越冬栽培中，应注意温度调节。在温室或塑料大棚中，通过通风和扣严塑料薄膜，夜间加盖草苫子等措施，保持设施内的温度白天为 20℃～28℃、夜间 15℃～18℃。30℃以上一定及时放风降温。早春、寒冬外界气温较低时，应采取增加覆盖物等措施，保证保护设施内温度不低于 10℃。春季当外界最低温度稳定地高于 15℃后，可陆续撤除草苫子和塑料薄膜，转入露地栽培。秋延迟栽培中，当保护设施中温度低于 10℃后，则不能正常开花。当温度低于 5℃时，即应拉秧结束栽培。在夏季栽培中，外界炎热多雨，当外界气温超过 39℃时，植株生长不良，开花而不坐果。为此，在温度高于 35℃时，应利用遮阳网或小拱棚上搭草帘子等进行遮阴降温。

冬春保护设施内生产，应注意在中午温度高时通风换气，避免湿度大而发生病害。

121. 人参果采收应注意些什么

人参果从开花到成熟，一般需要 50～60 天。当果实呈淡黄色并显现紫色条纹时即为成熟，可采收上市。采收时注意不要碰伤果实，用剪刀剪断果柄，留柄长 0.5～1 厘米，摘后用软纸包装，装箱上市。

如果采收后要长途运销，则应稍提早采收。在果实部分变黄时采收。在初冬可贮藏 40～60 天。

122. 人参果如何进行病虫害的防治

人参果的病害主要有疫病，发生时可用 40％多菌灵 600 倍液，每 7～10 天喷 1 次，连续喷 2～3 次。虫害有蚜虫、红蜘蛛、地老虎等，防治药剂应选用低残留、低毒的杀虫剂进行防治。

十九、苦　瓜

123. 苦瓜有什么特点

苦瓜是葫芦科苦瓜属 1 年生攀缘草本，又名凉瓜。幼嫩果实可供食用，因味苦得名。原产热带，广泛分布亚热带、热带及温带地区。苦瓜营养丰富，所含蛋白质、脂肪、碳水化合物等在瓜类蔬菜中较高，特别是维生素 C 含量，每百克高达 84 毫克，约为冬瓜的 5 倍、黄瓜的 14 倍、南瓜的 21 倍，居瓜类之冠。苦瓜还含有粗纤维、胡萝卜素、苦瓜甙、磷、铁和多种矿物质、氨基酸等；苦瓜还含有较多的脂蛋白，可促进人体免疫系统抵抗癌细胞，经常食用可以增强人体免疫功能及清热解毒。

124. 苦瓜种子如何进行催芽

苦瓜种子种壳比较厚，不容易吸水。应采用温水烫种及浸种催芽，既能促进种子吸水萌发，满足种子发芽的温度条件，提高种子发芽率，又能杀死种子表面的病菌、虫卵，达到种子消毒的目的。

浸种催芽应在播种前 5～6 天进行，具体方法：温水烫种用 55℃左右的温水，将苦瓜种子盛于纱布袋中，用清水洗净，洗时轻擦种子，除去其表面难透水的物质；将洗净的种子浸泡在准备好的温水中，保温 10～20 分钟，并不断搅拌，然后自然冷却，使水温降至 25℃～30℃，再浸泡 12～24 小时，捞出种子，用湿布包好，装入盒内，上用湿布覆盖，置于能够保持 30℃左右温度及有足够湿度的地方催芽。催芽过程中，要每天检查几次，既要防止失水，又要防止水分过多而烂种。2～3 天后，种子长出胚根 3 毫米左右时，即可播种。

125. 如何进行苦瓜露地高产栽培

（1）品质的选择　要根据当地市场消费的习惯进行选择栽培品种，吉林省市场主要以绿皮苦瓜品种为主。

（2）定植　苦瓜的育苗播种期以 3 月下旬至 4 月上旬为宜，5 月下旬终霜后露地定植，有条件的最好采取地膜覆盖栽培。苦瓜对土壤条件要求不严，但喜肥水，忌连作，宜选择连续 3 年未种过瓜类作物、土层深厚、有机质含量高、保肥保水能力强的地块栽培。定植前结合整地亩施腐熟的农家肥 2500 千克、过磷酸钙 50 千克，施肥后将地整平耙细并做成宽约 1.3 米的平畦，每畦移栽 2 行，一般行距为 65～75 厘米，株距为 30 厘米左右，栽植密度为每亩 3000 株左右。

（3）管理　定植后及时中耕松土，以利增温保墒，促进幼苗迅速生长。生长初期适时压蔓，以促发不定根，扩大根系吸收范围，促进茎蔓生长。当瓜蔓长至 30 厘米左右长时，在瓜行两侧搭架，并将瓜蔓引上架。苦瓜茎节腋芽活力强，易发生侧蔓，但侧蔓的雌花出现较晚，为保证主蔓结瓜的优势，应注意摘除侧蔓。在肥水管理上，前期植株长势弱，生长量小，在施足底肥的情况下，一般不追肥；进入开花结瓜期，植株生长发育加快，需肥量迅速增加，应及时进行多次追肥，以促蔓、保瓜，要足肥大水，每次浇水时每亩施尿素或复合肥 7～10 千克，另加 100 千克左右腐熟鸡粪；进入夏季后小水勤浇，保持土壤湿润，以满足植株生长和多次采收嫩瓜的需要，并及时摘除茎蔓基部的老叶、病叶，以利通风透光。苦瓜病虫害少，一般不需用药剂防治。

（4）采收　苦瓜生长发育快，一般在开花后 11 天左右果实即已发育充分，大小基本定型，瓜皮尚带绿色或淡绿色，及时采收。采收过晚，由于瓜肉粗纤维增加，既降低了商品性，又不利于后茬瓜生长。

126. 如何进行苦瓜虫害的综合防治

（1）瓜实蝇　主要以幼虫蛀入幼瓜为害果实，使幼瓜畸形并提前转色，然后腐烂变质，并散发恶臭气味。在幼瓜期，用 1000 倍锐劲特水溶液，或 1500 倍农地乐水溶液，或 2500 倍绿色功夫水溶液喷洒幼瓜 2～3 次，每 4～5 天 1 次，并及时摘除畸形瓜，集中园外烧毁或深埋。

（2）红蜘蛛　主要为害叶片，刺吸汁液，使叶片失绿黄化，植株早衰，幼瓜不能膨大，造成间隔开花结瓜和幼瓜畸形，缩短采收期，降低产量和品质，在苦瓜生长发育期间，注意检查叶片，发现有粉红色针头大小的幼虫吸附在叶片上，即要连续喷洒 2～3 次 1000 倍螨即死水溶液，或 1500 倍扫螨净水溶液，或 1000 倍乐斯本水溶液进行防治，每 7～10 天喷洒 1 次。

（3）蚜虫、白粉虱、茶黄螨　主要为害叶片，刺吸汁液，使植株衰弱，影响开花结瓜，还传播病毒，加重病毒病的发生和为害，当发现叶片上有蚜虫、白粉虱、茶黄螨发生为害时，应叶面喷洒 1 次 1000 倍蚜虱净水溶液，或 1000 倍一喷净水溶液。

127. 如何进行苦瓜枯萎病的防治

苦瓜枯萎病是真菌性病害，发生在主蔓茎节部，染病后初时发生水烫症状，病部很快向上下两头的节间扩展。以后的病部变褐腐烂收缩，患部以上茎叶失水下垂枯萎。此病也可在地面根须部发生，染病后初时也呈现水烫症状，随后病部变褐腐烂收缩，地上部植株失水枯萎。如不及时防治，会造成严重减产。

苦瓜枯萎病的防治方法：

（1）选种抗病品种。

（2）土壤处理 整地时翻土曝晒 5～7 天，让土壤充分晒白风化。每亩施石灰 50～75 千克，中和土壤酸性和抑制病菌生长。

（3）高畦深坑 高温多湿容易发生枯萎病，采用高畦深坑种植法，降低地下水位，防止雨后积水，使畦面土壤通风，可减少病害。

（4）剪疏叶片 病害开始发生时，疏剪基部叶片，使田间植株、畦面通风排湿，能抑制病菌的发育和传播，可减轻病害发生。

（5）药剂防治 病害开始发生时，速将病株拔除，同时喷 75%百菌清 500～800 倍液，或用 50%多菌灵 500～600 倍液，或用 70%敌克松原粉 500～800 倍液，每隔 7～10 天喷 1 次，连续 3～4次。每次把药液喷在植株下半段的茎蔓上，以喷至叶片至湿不滴水为度，能收到较好的效果。

128. 如何进行苦瓜白粉病的防治

苦瓜在开花结瓜期间很容易感染白粉病，茎蔓上布满白色粉状物后，叶片失绿黄化，生长点卷曲，植株萎缩，造成间隔开花结瓜，使幼瓜畸形，缩短开花结瓜期，产量低，品质差，生产上应注意防治。

防治方法：在苦瓜开花结瓜期间，每 7～10 天叶面喷洒 1 次 1000 倍高锰酸钾水溶液，或 1000 倍碳酸氢钠（小苏打）水溶液，或 25～30 倍草木灰浸出澄清液，连喷 3～5 次，均匀喷湿所有的叶片，以开始有水珠往下滴为宜，喷药后 4 小时内遇雨水冲刷，应重新补喷 1 次。此法可有效地防治苦瓜白粉病的发生，保护茎蔓，促进开花结瓜，并且无任何毒性残留，不污染苦瓜，当天喷洒，当天就可采收，是理想的无公害防治方法。

129. 苦瓜病毒病如何进行防治

苦瓜病毒病主要侵害幼苗和刚刚开花结瓜的植株，使生长点萎缩，叶片卷曲，植株越长越小，并逐渐枯萎死亡，当叶片开始卷曲时，应连续喷洒 2～3 次 600 倍植物病毒疫苗水溶液，或 800

倍病毒 A 水溶液，或 600 倍植物助壮素水溶液进行防治，每7～10天喷洒1次。

二十、丝 瓜

130. 丝瓜有什么特点

丝瓜是葫芦科丝瓜属中作为蔬菜栽培的品种，包括普通丝瓜和棱角丝瓜两个变种。嫩瓜营养丰富，是南方主要蔬菜种类之一，成熟果实纤维发达，可入药，称“丝瓜络”，有去湿治痢等功效。

131. 丝瓜一般在什么季节生产

丝瓜在吉林省主要以露地栽培为主。一般在 3～4 月在温室或冷床进行育苗，终霜期后露地定植栽培。也可以在温室、大棚的作物生长后期进行套种栽培，提高保护地的利用率。

132. 丝瓜如何进行育苗及苗期管理

丝瓜喜较高温，低温下幼苗生长缓慢，吉林省生产上主要以育苗移栽方式栽培。

（1）催芽　将消毒浸泡处理好的种子用湿纱布包好置于30℃～35℃温度下催芽 2～3 天即可出芽，芽长 1.5 厘米时播种。

（2）播种　在温室内育苗，播种时应先将播种床打足底水，再在播种床上铺 5 厘米厚的消毒营养土，然后播种，播后盖过筛细土 1 厘米，盖上地膜促发芽，出苗后将地膜揭开起拱。也可采用营养钵育苗，营养钵规格为 10 厘米×10 厘米，把营养钵装入大半钵营养土，将催芽种子播入营养土中，在温室内将营养钵放在铺有地膜的苗床上，上盖地膜和小拱棚保温，出苗后揭开地膜起拱，不需分苗。

（3）苗期管理

①分苗　播发芽子的在播后 2～3 天出苗，播湿子者在播后15～25 天出苗。1 叶 1 心时分苗。每钵丝瓜 1 株，分苗后盖小拱

棚增温保湿，促进缓苗。

②温、湿度管理　从播种到子叶微展，保持较高的温度和湿度，床温25℃～30℃，空气相对湿度在80%以上。从子叶展开到分苗前，白天保持25℃～30℃，床温控制在16℃～20℃，分苗至缓苗床温为10℃～28℃，缓苗到定植床温为10℃～20℃。地发干或苗出现萎蔫现象时才浇水。定植前7天应开始炼苗，床温降到10℃～12℃，幼苗长出3～4片真叶时定植。

③病虫害防治　主要是猝倒、炭疽病等，发病初期喷洒75%百菌清可湿性粉剂500倍液，或50%多菌灵可湿性粉剂500倍液，7～10天1次，连喷2～3次。地蛆可喷洒90%敌百虫800倍液防治。

133. 丝瓜如何进行定植及田间管理

（1）定植　整地作畦，畦宽1.2～1.5米，畦沟宽30～40厘米，畦高35厘米，株行距为50厘米×（70～80）厘米。结合整地施足基肥，亩施腐熟农家肥2000千克、复合肥50千克。

（2）蔓叶整理　一般在蔓长至35厘米左右长时进行第1次压蔓，在蔓长至70厘米左右长时进行第2次压蔓，压蔓时可将蔓引向同一方向，以便于管理。

（3）理瓜　在开花结果期间，当发现小瓜搁在篱架上或被卷须缠绕时，应及时加以整理，使之垂直悬挂棚架下，同时清除病瓜，以免传染病害。

（4）施肥　栽培夏丝瓜应施足有机肥，生长期内勤施薄施化肥。结瓜前控制水肥，结果后及侧蔓盛发时重施肥，并重视磷肥和钾肥的施用。有机肥施得足，丝瓜长得直而长，否则易造成瓜条畸形。移栽后5～7天亩施复合肥10～15千克，以促进茎叶生长。以后至开花结果之前施肥依苗情而定。结果后每隔5～7天追肥1次，采收盛期施肥量应增加1～2倍，最好每亩地再增施些草木灰。

二十一、节　瓜

134. 节瓜有什么特点

节瓜为葫芦科冬瓜属中的一个变种，1 年生攀缘草本植物。节瓜在中国广州有三百余年的栽培历史，是广东、广西瓜类面积中最大的一种。由于节瓜开花结果迅速，成熟期较早，瓜形较冬瓜小，便于销售和运输，所以栽培面积扩大较快。

135. 节瓜对环境条件有什么要求

（1）对温度的要求　节瓜适于较高温度和较强的光照。种子发芽期，在 30℃左右，发芽快。开花结果时期适于较高温度，在 20℃～30℃之间对开花结果和蔓叶的继续生长都有利。

（2）对光照的要求　节瓜对光照长短的要求不严格。节瓜对光照强度要求严格，在它的各个生长期都要求有良好的光照条件。

（3）对水分的要求　节瓜根群发达，对水分的要求较为严格，在幼苗期需要水分较少，抽蔓后对水分要求逐步增多，开花结果盛期需要大量的水分，这时土壤应经常保持湿润。

136. 节瓜如何进行育苗

种子处理播种前用 1%高锰酸钾液浸种 15 分钟，后用清水冲净，用清水浸种 8～10 小时，捞出，洗净，用纱布包好，在 30℃条件下催芽。待种子“露白”后待播。

播种方法有两种：

（1）营养钵播种　用塑料营养钵播种，内装营养土（大田土 6 份与腐熟的厩肥 4 份，每立方米土外加磷酸二铵 2 千克、草木灰 5 千克、多菌灵 80 克）。播前浇透水，水渗下后，点 1 粒种于中央，上覆土 1～2 厘米。

（2）切土方育苗　育苗床每亩施腐熟的有机肥 3000 千克，浅翻，做成平畦。育苗畦浇大水，水渗下后，用长刀按间距 10

厘米，在畦面上纵横切成10厘米的见方。后在每个土方中央点种1粒，上覆细土1～2厘米。

播种后，立即扣严塑料薄膜，夜间加盖草苫子，提高苗床温度。出苗前保持30℃，促进出苗。出苗后适当通风降温，白天控制23℃～25℃、夜间不低于15℃。如基肥充足，苗期无需追肥。如缺肥，在1片真叶期，结合浇水，每公顷施尿素100～150千克。定植前5～7天进行低温炼苗，加大通风量，苗床白天保持20℃左右，夜间13℃～16℃。当幼苗3～4片真叶，苗龄30～35天时，即可定植。

137. 节瓜定植时如何进行整地定植

整地前每亩施腐熟的有机肥4000～5000千克、过磷酸钙50千克，后深翻、耙平。一般采用小高垄栽培，垄高10～15厘米，垄距60～70厘米，也可用平畦栽培。

起苗时应小心仔细，勿伤根系，以利成活。定植密度为（35～40）厘米×（60～70）厘米。

定植后，立即浇水，扣上地膜，扣严保护设施的塑料薄膜，夜间加盖草苫子，提高设施内的温度。

138. 节瓜如何进行定植后的田间管理

（1）水肥管理　定植后要及时浇定植水。由于外界气温较低，一直到抽蔓前不浇水。可多中耕松土，提高地温，促进根系生长。抽蔓期开始浇水并追肥，每亩施磷酸二铵50千克。当第1瓜坐住，长至10～15厘米长时，要经常浇水，保持土壤湿润。第2瓜出现时，每亩施磷酸二铵50千克、硫酸钾20千克。

（2）搭架绑蔓　节瓜搭架或爬地生长均可。在保护地内为提高产量，增强抗逆性，一般用搭架法。在日光温室内一般用塑料扁丝做支架，每株1根，也可用竹竿做成篱架。瓜蔓30厘米时，进行绑蔓。以后每长30厘米，绑蔓1次。使茎叶在架上均匀分布。

生长前期以主蔓结瓜为主，摘除全部侧蔓。收嫩果为主者，主蔓第1瓜坐住后，保留2个侧蔓，每一侧蔓结1瓜后打顶。收老瓜者，可打去全部侧蔓，使主蔓结2～3个瓜。

(3) 人工授粉　早熟栽培中，开花期很早，正值早春无昆虫传粉季节。为提高坐瓜率，应进行人工授粉。每日在早上6～10时，摘取当日开的雄花，去掉花冠，对准雌花柱头进行涂抹。

139. 节瓜如何进行病虫害的防治

(1) 主要病害　有疫病、绵腐病、炭疽病、枯萎病、白粉病等。于发生初期喷75%百菌清700倍液，或72.2%普力克600倍液防治。

(2) 主要虫害　有蚜虫、黄守瓜、白粉虱等。于发生初期可喷灭杀毙8000倍液防治。

二十二、蛇　瓜

140. 蛇瓜有什么特点

蛇瓜，别名蛇豆、蛇丝瓜、大豆角等，葫芦科栝楼属中的1年生攀缘性草本植物，原产印度、马来西亚，近年来山东省青岛地区种植较多。蛇瓜以嫩果实为蔬菜，而且嫩叶和嫩茎也可食。嫩瓜含丰富的碳水化合物、维生素和矿物质，肉质松软。蛇瓜性凉，能清热化痰，润肺滑肠，蛇瓜的嫩果和嫩茎叶可炒食、做汤，别具风味。蛇瓜少有病虫为害，适于无公害栽培，具有一定的市场潜力。

141. 蛇瓜对环境条件有什么要求

(1) 对温度的要求　种子发芽适温30℃左右，植株生长适温20℃～35℃，高于35℃也能正常开花结果，但低于20℃生长缓慢，15℃时停止生长。喜温耐热，不耐寒。

(2) 对水分的要求　蛇瓜喜湿润的环境，但由于根系发达，也较耐旱。在水分供给充足、空气湿度高的环境中结瓜多，果实发育良好。

(3) 对光照的要求　蛇瓜喜光，结瓜期要求较强的光照，花期如阴雨天多、低温会造成落花和化瓜。

(4) 对土壤的要求　喜肥耐肥也较耐贫瘠，对土壤适应性强，各种土壤均可栽培，但在贫瘠地种植时，结瓜小、产量低。要获得优质高产，要在肥沃的地方种植，或多施基肥。

142. 蛇瓜如何进行播种和育苗

为提早上市，延长供应期，在生产上多采用育苗移栽进行栽培。

(1) 种子处理　蛇瓜的种皮厚，播种前应将种子晾晒 1～2 天，然后用 55℃的热水烫种 15～20分钟，烫种时要不断搅拌，至水温下降后换清水浸种 2～3 天，其间要擦洗去种皮上的黏质物，并换清洁水再浸种，待种子略软时用纱布包裹保湿，置于 30℃恒温箱或暖炕催芽后播种。

(2) 苗床或营养土钵育苗　营养土可用园土 5 份、草炭 2 份、腐熟有机肥 3 份混匀，如无草炭可用废菇料或肥沃园土。装钵后码好浇透水，每钵平放 1 粒已萌芽的种子，盖细土 1 厘米厚。苗床覆盖塑料膜保温保湿，出苗前温度最好能保持在 25℃～30℃，出苗后看气温情况揭去薄膜，温度白天 25℃～30℃、夜间 16℃～18℃。出苗后如气温仍低，应换透光性好的新膜，白天温度达到要求时，揭去薄膜见光，或揭两头通风，夜间气温低时要盖上。有 2 片真叶后可去掉覆盖物。幼苗 3 叶 1 心时可定植。

143. 蛇瓜如何进行整地定植

定植前整好地，施足基肥，基肥沟施，每亩可用腐熟禽畜粪肥 3000 千克，加过磷酸钙 75 千克、硫酸钾 20 千克。零星种植宜挖大植穴，施基肥后定植，成片种植的密度为行距 80～200 厘米、株距 50～80 厘米，每亩用苗 600～1000 株，根据地力而定，瘦地多种，肥地少种。定植后浇足定根水。

144. 蛇瓜定植后如何进行田间管理

(1) 肥水的管理　定植缓苗后施 1 次促苗肥，可用腐熟粪稀或饼肥适量。第1瓜坐瓜后要追复合肥，每亩用25～30千克，施肥后浇水，以后看生长势适当追肥。坐果期要经常保持土壤湿润，尤其在高温干旱天要早晚浇水。

（2）中耕除草　搭架前在行间进行1次深中耕，清除杂草，疏通排灌沟，搭架后视土壤及杂草发生情况进行中耕除草，中耕后培土，以免根群外露。

（3）搭架　蛇瓜若采用爬地种植，瓜形弯曲率高，不方便采收，要高产优质需搭架栽种。在植株开始抽蔓生长时及时搭架，搭“人”字2层架或2米高的平棚，以平棚产量高，果形好。零星种植以平棚好，种植时要注意进行人工授粉以提高坐果率。

（4）引蔓、缚蔓　瓜蔓有1米长时让其爬地生长并进行压蔓，压蔓前把1米以下长出的侧蔓摘去，然后引蔓上架。主蔓不摘心，侧蔓可根据生长势留1～2个瓜后，在瓜前留3～4片叶摘心。绑蔓时要注意将蔓叶理均匀，使瓜自然下垂。结过瓜的侧蔓适当剪除，以利通风透气。

145. 如何进行蛇瓜病虫害的防治

蛇瓜很少受病虫侵害，偶尔有潜叶蝇或蚜虫发生时，可用药剂防治，喷药应与采收期错开。

146. 蛇瓜怎样进行采收

以采收嫩瓜为主，一般定植后30天开始采收，从开花至商品成熟10天左右，此时瓜果表皮显奶白的浅绿色，有光泽，若采收过迟影响品质及继续坐果。盛收期1～2天采收1次。亩产4000～5000千克。单株种植的最多能结瓜40～60个。

二十三、瓠　瓜

147. 瓠瓜有什么特点

瓠瓜又名扁蒲、葫芦、夜开花、瓠子、蒲瓜等，是葫芦科1年生蔓生草本植物，是夏季蔬菜之一。其食用部分为嫩果。瓠瓜品质细嫩柔软，稍有甜味，去皮后全可食用。可炒食或煨汤。瓠瓜在我国南北各地均有栽培，南方栽培较普遍，目前北方开始广泛引种栽培。

148. 瓠瓜对环境条件有什么要求

瓠瓜喜温，种子在15℃开始发芽，30℃～35℃发芽最快，生长和结果期的适温为20℃～25℃。

瓠瓜对光照条件要求高，在阳光充足情况下病害少，生长和结果好，产量高。

瓠瓜对水分要求严格，不耐旱又不耐涝。结果期要求较高的空气湿度。

瓠瓜不耐瘠薄，以富含腐殖质的保水保肥力强的土壤为宜。所需养分以氮素为主，要配合适量的磷钾肥施用，能提高产量和品质。

149. 瓠瓜主要有哪些品种

瓠瓜按其果实形态和大小可分为5个变种：瓠子、长柄葫芦、大葫芦、细腰葫芦及观赏葫芦。长江流域作蔬菜栽培的主要是圆筒形的瓠子，其优良品种有南京的面条瓠子、棒槌瓠子、上海的夜开花等。

150. 瓠瓜栽培如何进行播种和育苗

瓠瓜可在终霜前露地直播，或在保护地中育苗后再定植。

播种前，种子需要处理。需浸种24～48小时，然后播种，每亩地用种量为250克。瓠瓜苗期的管理同春黄瓜相同。可参照黄瓜育苗技术。

151. 瓠瓜如何进行田间管理

（1）植株调整　瓠瓜可分为搭架或不搭架栽培，地爬不搭架需压蔓，以防风害。搭架的，当苗长到30厘米高时，用2～3米的长竹竿设立人字架，约在1.3米处交叉，为了便于侧蔓攀缘和人工分层绑蔓，需横架2～3条。随着秧苗的生长，将蔓数次绑在支架上，并使其分布均匀。瓠瓜主要由子蔓、孙蔓结瓜，故应进行植株调整，常实行2～3次摘心，促使子蔓及孙蔓发生。当主蔓长到6叶左右时，进行第1次摘心，促使子蔓抽生结果，当侧蔓结果后进行第2次摘心，促使孙蔓抽生和结瓜，此后可任其自然生长或再进行第3次摘心。为了增加雌花数，当幼苗有4～6片真叶时，可以用乙烯利150毫克/千克喷洒叶面，在主蔓的第8～9节开始，每节都可以发生1朵雌花。如果喷洒两次，连续着生的节数更多，雄花的发生大大减少。

（2）肥水管理　瓠瓜生长势较其他瓜类弱，生长期短，结果集中，除施基肥外，还要追肥灌水。追肥宜薄施勤施。在定植成活和摘心后、果实膨大期分别施1次肥。开始采收后分期追肥1～2次，促使后熟瓜生长。瓠瓜需水较多，应及时浇水，结果期旱可1～2天浇1次水，但如果雨水多时，应及时排水防涝。

152. 瓠瓜如何进行病虫害的防治

瓠瓜主要虫害有蚜虫。当发现叶片上有蚜虫为害时，叶面喷洒1000倍蚜虱净水溶液，或1000倍一片净水溶液。

瓠瓜主要病害有病毒病和白粉病。白粉病可用25%粉锈宁可湿性粉剂8～13克药粉对水50千克喷雾，或50%多硫胶悬剂300～400倍液或农用抗毒菌素120倍液等喷雾防治。

二十四、荷　兰　豆

153. 荷兰豆有什么特点

荷兰豆属软荚豌豆，俗称食荚菜豌豆、食荚豌豆，别名麦豆、青斑豆、青小豆等。其种荚内果皮的厚膜组织发生迟，纤维很少，嫩荚可食，甜脆可口，主要采收嫩豆荚，成熟时荚果不开裂，它是我国西菜东调和南菜北运产业的主要品种之一。

154. 荷兰豆对环境条件有什么要求

荷兰豆原产于地中海沿岸和中亚地区，由粮用豌豆演变而来，既喜温，又喜湿润，但属半耐寒性蔬菜，不耐炎热，也不耐严寒。

（1）对温度要求　荷兰豆为半耐寒性蔬菜，整个生长期适宜温度为12℃～20℃。不同发育时期对温度的要求略有不同。

种子发芽最适温度为18℃～20℃。出苗最低温度为8℃以上，最适宜温度为12℃～16℃。

开花期适宜温度为15℃～20℃，高于25℃不利于开花授粉，可引起落花落荚，荚果发育异常。荚果生长期最适宜温度为18℃～20℃，与发芽适宜温度相同，适温下嫩荚质量鲜嫩、甜脆。温度超过26℃时，结荚少，豆荚易老化，品质下降，产量减少。

（2）对水分要求　荷兰豆根系发达，耐旱性较强。喜湿润，为提高产量和品质，在整个生长期都要求较多的水分，保持土壤和空气湿润。不耐涝，土壤湿度过大或土壤积水时间过长易发生涝害和湿害，如播种后受涝害易烂子，苗期受害易烂根，生长期间受害易感染病虫害。

（3）对光照要求　荷兰豆属长日照作物，要求较长的日照和较强的光照。尤其荚果生长期若遇连续阴天或田间通风透光不好，植株生长纤细，结荚稀疏，嫩荚产量大大降低。各品种在结荚期都要求较强的光照和较长时间的日照。

（4）对土壤要求　荷兰豆对土壤适应性较广，适应性较强，但以在疏松和含有机质较高的中性土壤或微酸性土壤中生长良好。土壤pH值6.0～7.2为最佳，pH值低于5.0～5.5时，易发生病害。荷兰豆最忌连作，一般需4～5年轮作。

（5）对养分要求　荷兰豆苗期对氮肥需求量较大，对土壤养分要求所需的氮、磷、钾比例为4∶2∶1。磷肥对分支和子粒发育关系密切，供应不足时茎下部分支较少、伸长不良易枯死，花少荚少。栽培中应注意合理配施磷肥和钾肥，有利于提高产量和品质。也可采用根瘤菌接种，及早发挥根瘤菌的固氮作用，达到高产的目的。

155. 荷兰豆有哪些主要品种

荷兰豆品种很丰富，优良品种较多。

（1）荷兰豆品种　蔓生型品种　大荚荷兰豆、晋软1号、台湾11号、法国大荚、草原31号、红花中花等。

①半蔓生品种　阿拉斯加、大豌豆、草原21等。

②矮生型品种　食荚大菜豌1号、溶糖、青荷1号、矮生大荚荷兰豆等。

（2）甜脆豌豆品种　蔓生型品种　甜脆豌豆、美国甜豌豆、中山青食荚豌豆、甜脆2号。

①半蔓生型品种　白玉、白花小荚、延引软荚。

②矮生型品种　京引86025荷兰豆、甜丰。

156. 荷兰豆如何进行整地

（1）合理轮作倒茬　荷兰豆要进行3～4年的轮作为宜。尤其白花品种比紫花品种更忌连作，轮作年限应再长些。豌豆还可与蔬菜或粮食作物进行间套栽培，也可与茄果类及瓜类间作，特别适宜与玉米等高秆作物间作套种。

（2）整地施肥　荷兰豆耐肥，不耐寒，不耐湿，要求选用避风向阳、土层深厚肥沃、土质疏松、通气性良好、排水便利的田块。播前要深翻土地，北方一般在秋季作物收获后进行深翻，灌水越冬，整地时以施基肥为主，一般每亩施农家肥2500～3600千克，重施磷、钾肥，一般氮、磷、钾比例为1∶0.28∶0.93为宜。将过磷酸钙20～25千克，硫酸铵10～15千克，氯化钾15～20千克等肥料混合施入也可。一般在春季土壤解冻后进行耕耙整地。播种前根据土壤墒情定夺浇水，若墒情不足，可浇1次出苗水，然后整地作畦，这样可提高地温，并确保播种后出苗所需的水分供应。

157. 荷兰豆播种前如何进行种子的准备

播种前应精选大粒饱满无病虫斑的种子，这是保证苗全、苗壮和丰产的主要环节。可用盐水筛选法精选种子，具体方法是：

把种子倒入40%的盐水中搅拌，捞出漂浮在上面的不充实种子，沉下的好种入选。播前用50℃的温水浸种10分钟。有条件也可采用干燥器空气温热处理种子，处理温度为30℃～35℃。通过温热处理能使种子完成后熟过程，打破休眠期，这样出苗整齐，幼苗健壮，花芽分化早，产量也比较高。

接种根瘤菌有利于增产。播种前用根瘤菌拌种，或用0.1%～1%的硫酸铜浸种，可促进根瘤菌的生长发育，增加根瘤的数目，提早成熟，增加前期产量。

158. 荷兰豆如何进行播种

荷兰豆可直接播种栽培。播种密度因品种类型、栽培季节和栽培方式不同而异，播种深度3～5厘米。株距25～30厘米。具体可如下确定：矮生品种一般采用条播，行距30～40厘米，株距25厘米。若穴播穴距为20～30厘米，每亩用种量10～15千克；半蔓生品种、蔓生品种可采用条播或穴播，其中半蔓生品种穴播、条播行距相同，均为40～60厘米、穴距20～25厘米，每6亩用种量8～10千克。蔓生品种条播行距60～80厘米，株距25厘米，穴播穴距为30厘米，每穴播种3～4粒，每6亩用种量6～8千克，春季栽培和地膜覆盖栽培行距应适当大些，行距可加大到80～100厘米。

159. 荷兰豆的田间管理主要技术有哪些

（1）除草　荷兰豆在幼苗期容易发生草荒，对杂草敏感，除草要除早、除小，切勿伤苗。整个生育期需中耕除草2～3次。

（2）追肥　除施基肥外，还要进行适当的追肥，苗期适当追施氮肥，促进生根和茎叶生长，生长后期应以磷肥和钾肥为主，特别是磷肥。一般第1次追肥在苗高5～10厘米时进行。吐丝期结合灌水每亩施尿素10～20千克。开花结荚期可结合浇水追施适当氮肥和磷肥，增加结荚数，也可用浓度为500～1000倍的磷酸二氢钾叶面喷施，对改善子粒品质和增产都有显著效果。另外，在开花结荚期根外喷施磷肥及硼、锰、钼、锌等微量元素肥料，增产效果十分显著。

（3）摘心搭架　荷兰豆蔓生种和半蔓生种攀缘性较强，一般都需进行插架栽培，当幼苗茎蔓长到30厘米，要及时用竹竿等架材进行插架搭架，也可在豆田地两头定桩，沿垄向拉铁丝，用固定在铁丝上的绳子吊蔓栽培，使荷兰豆的蔓沿绳向上攀缘生长，并定期进行绑蔓牵引。行间保持通风透光，使其生长发育正常。搭架后通风透光好，茎蔓粗壮，基部腐烂现象减少，结荚多，子粒饱满。豌豆蔓攀缘性不很强，有时要进行适当的绑蔓。有的品种在株高30厘米时需要摘心，以促生侧枝，增加开花数与提高结荚率，摘下的嫩尖可供食用。

（4）灌溉与排水　荷兰豆耐旱性差，整个生育期需要较适宜的空气湿度和土壤湿度。在生长期间应注意水分的管理。播前浇足底水。播种后如遇干旱，需及时浇水，以利幼苗出土。苗期一般较耐旱，需水量比较少，可适当浇1次水，每次浇水后及时中耕松土。进入开花结荚期，需水量增加，不可缺水，可根据土壤墒情3～4天浇1次水。浇水应结合追肥进行。特别是进入结荚期之后，要保证鼓粒灌浆对水分的需要。一般干旱时于开花前浇1次水，结荚期浇水2～3次。豌豆也不耐涝，雨水过多时要注意及时排水，如遇大雨要及时排除田间积水，以免烂根。

160. 荷兰豆如何进行病虫害的防治

主要病害有锈病、褐斑病、霜霉病和白粉病，可用20%粉锈宁可湿性粉剂200～300倍液，或65%甲霜灵可湿性粉剂1000倍液，或5%速克灵可湿性粉剂2000倍液喷施。

主要虫害以豌豆潜叶蝇为害最为普遍，防治方法要抓住产卵盛期至卵孵化初期的关键时刻喷洒农药，常用的药剂有1.8%爱福丁2000至3000倍液，或2.5%天王星1000～1500倍液喷雾防治。

161. 荷兰豆采收应注意些什么

（1）适时采收　多数荷兰豆品种在谢花后8～12天豆荚停止生长，种子开始发育，此时为食用嫩荚、速冻豆荚和制罐嫩荚的收获适期。

（2）采收方法　荷兰豆的豆荚成熟不一致，尤其蔓生种更为明显，故采收必须根据田间长势分次分批采收。一般矮生品种可分两次采收；半蔓生品种分 2～3 次采收；蔓生品种可分 3～4 次采收。采收时切忌折断蔓茎，碰落花朵。田间采收操作要细致，不要漏收错收。为保证植株采摘时不受损伤，可用小剪刀采摘。

二十五、刀　豆

162. 刀豆有什么特点

刀豆别名大刀豆、关刀豆、洋刀豆，是豆科刀豆属 1 年生缠绕性草本植物，原产西印度、中美洲和加勒比海地区，在我国已有 1500 多年的栽培历史。其食用部分为嫩荚，可炒食、做酱菜或泡菜等，质地脆嫩，肉厚味鲜。其荚果富含蛋白质，并有活血、补肾、散瘀等疗效。

163. 刀豆对环境条件有哪些要求

刀豆喜温耐热，生长适温为 20℃～25℃。刀豆适于生长在排水良好、肥沃疏松的土壤，但以沙壤土或黏壤土最为适宜，在黏壤土上栽培的果荚柔嫩，品质好。刀豆对光照要求严格，光照充足时结荚多，落花落荚少。

164. 刀豆主要有哪些品种

刀豆主要有两种：一是蔓生刀豆。生长势强，蔓粗壮，长 2～4米，生长期长，晚熟。成熟荚果长约 30 厘米、宽 4～5 厘米，每荚重约 150 克。种子大，千粒重约 1320 克。目前栽培多的是蔓生刀豆，二是矮刀豆。茎直立，株高约 1 米。叶、荚果、种子均较小，成熟荚果长 10～20 厘米。熟性较早，但产量较低，较少栽培。

165. 刀豆如何进行播种

刀豆生长期比较长，应采取育苗移栽进行栽培。

播种前，先将种子晒 1 天，然后在水中浸种 24 小时，待其吸水膨胀后播种，将种子直播在营养钵或营养土块内，播种不宜过深，以免种子腐烂，一般播深5厘米为宜。待2片基生叶长出时，即可定植到大田。

166. 刀豆如何进行田间管理

当刀豆苗高50厘米时需搭架引蔓。开花前不宜多浇水。控制水分，中耕2～3次，除草，提高地温并保墒。坐荚后，逐渐进入旺盛生长期，待幼荚3～4厘米时，开始浇水，供水量要充足。

刀豆是豆荚中需氮肥较多的蔬菜，氮素不足，分枝少，影响产量和品质。在4叶期间追1次肥，在坐住荚后结合浇水追第2次肥。在结荚中后期再追1～2次肥。

在开花结荚期应适当摘除侧蔓，或进行摘心、疏叶，有利于提高结荚率。

167. 刀豆有哪些常见病害，如何防治

刀豆的常见病害是锈病。锈病可用15%粉锈宁可湿性粉剂2000倍液喷雾或40%敌唑酮可湿性粉剂4000倍液喷雾防治。

二十六、芦　笋

168. 芦笋有什么特点

芦笋别名石刁柏、龙须菜，为百合科天门冬属多年生草本植物，早春其嫩茎破土而出，状似春笋，故此得名。目前芦笋品种主要来源于美国。由于其味道鲜美，营养丰富，同时对消化、泌尿、心血管、淋巴系统多种疾病均有一定疗效，是药食兼优的珍品，也是我国主要的保健蔬菜和特色蔬菜品种，既可鲜食，亦可加工成罐头食品，经济效益较高，也是我国主要的出口创汇蔬菜品种。

169. 芦笋对环境条件有什么要求

（1）对温度的要求　芦笋对温度的适应性很强，既耐寒，又

耐热。芦笋种子的发芽始温为5℃，适温为25℃～30℃，高于30℃，发芽率、发芽势明显下降。春季地温回升到5℃以上时，鳞芽开始萌动；10℃以上嫩茎开始伸长；15℃～17℃最适于嫩芽形成；25℃以上嫩芽细弱，鳞片开散，组织老化；30℃嫩芽伸长最快；35℃～37℃植株生长受抑制，甚至枯萎进入夏眠。

（2）对土壤的要求　芦笋适于富含有机质的沙壤土，在土壤疏松、土层深厚、保肥保水、透气性良好的肥沃土壤上，生长良好。芦笋对土壤酸碱度的适应性较强，pH值为5.5～7.8之间的土壤均可进行栽培；而以pH值6～6.7最为适宜。

（3）对水分的要求　芦笋蒸腾量小，根系发达，比较耐旱。但在采笋期过于干旱，会导致嫩茎细弱，生长芽回缩，严重减产。芦笋极不耐涝，积水会导致根腐而死亡。因此栽植地块应选择高燥，雨季注意排水。

170. 芦笋生产上选择什么品种比较好

根据吉林省的消费习惯，在生产上选择生产绿芦笋进行市场供应，可获得较高的经济效益。

171. 芦笋在吉林省通常采用什么方式进行栽培

芦笋在吉林省通常进行露地栽培。芦笋生长期较长，生产用种价格较高，在生产上最常用的方法是进行育苗移栽，这种方法便于苗期精心管理，且出苗率高，用种量少，可以缩短大田的根株生长期，有利于提高土地利用率。

172. 芦笋如何进行育苗移栽

育苗移栽通常用营养钵进行育苗，营养土要求肥沃、疏松，既保水又透气，土温容易升高，无病菌、害虫和杂草种子。一般用洁净园土5份、腐熟堆厩肥2～3份、河泥1份、草木灰1份、过磷酸钙2%～3%，充分混合均匀，用40%甲醛100倍液喷洒，然后堆积成堆，用塑料薄膜密封，让其充分熏杀、腐熟发酵，杀灭病虫和杂草种子。如土壤酸度大，还需加撒石灰矫正。堆制应在夏季进行，翌年播种前将这种培养土盛于直径6～8厘米的营养钵中。

小苗苗龄为60～80天，苗高30～40厘米，茎数3～5个。一般于寒冷季节在保护地中播种，终霜后定植于大田，以利于延长年内的生长季节。而且定植方便，省时、省工，且不会伤根，不易感染土壤病害。栽后的植株生长发育迅速，可大大缩短株丛养成期。

173. 用什么方法促进芦笋种子发芽和出苗

芦笋种子种皮革质化，透水性较差，吸水慢，种子休眠的深浅不一，低温下发芽慢，出苗期长，为加速其发芽、出苗，可采用下列方法促进发芽和出苗：

（1）浸种　播种前将种子在20℃～25℃水温下，浸种两天（新种子在35℃水温下浸种两天）。每天早晚换水1次。

（2）低温处理　将新种子浸湿后，置于0℃～5℃低温下处理60天，或将种子与湿润黄沙层积于露地过冬，以利于完成休眠期。

（3）选种　选用1年的陈子播种，但应保管在干燥密闭处。

174. 芦笋育苗期管理应注意些什么

芦笋的育苗管理应以温度、水分管理为中心。从播种至出苗阶段，除供给充足水分，于床土表面或营养钵上覆地膜保湿外，应将棚膜四周密封保温，尽量保持较高的棚温，以加速出苗。出苗后即去地膜并进行通风换气，降低床温，以免幼茎徒长，致使倒伏。还要随着外界气温上升，加大通风换气量。晚间要盖上棚膜，并覆草苫，以免霜害和冻害。一般白天床温保持在25℃左右，最高温不得超过30℃，夜间最低温在12℃～13℃，日平均温度为20℃。为防止干旱，一般3～5天浇1次水。

苗期追肥只需两次，第1次于第1支幼茎展叶后，结合浇水每亩施尿素7～10千克，其后20天左右再施1次。

苗床间苗在第2支幼茎将发生时进行，钵（穴）择优选留。间苗应撬松培养土，连根拔除，否则残留的根株仍会抽生茎叶。

当苗高25厘米以上，茎数有3～5支，准备定植大田前，应进行揭膜锻炼，使秧苗处在露底条件下，并控制供水，以使根株充实，适应大田环境，缩短缓苗期，早发新根。

175. 芦笋如何进行田间管理

（1）施肥 芦笋从播种时计算到第3年春季才能采收。采收期应注意施肥。

采收绿芦笋的地块，在春季未萌发前，在两行之间掘深沟，每亩施入腐熟的有机肥1500～2000千克，过磷酸钙30千克，氯化钾10千克。肥料填入沟中，充分混合，用土覆盖。夏秋季间在植株附近施人粪尿和氯化钾2～3次，每次每亩施量分别为500千克和15千克。在降霜前两个月施最后一次追肥，每亩施复合肥20千克。以后逐年随着株丛的发展和产量的提高，施肥量逐渐增加。

（2）灌溉和排水 采笋期间应使土壤中保持足够的水分，嫩茎方能抽生得快而粗壮，组织柔嫩品质好。春季萌发前根据土壤湿度及时浇萌发水是非常必要的。采笋期间灌水应保持土壤见干见湿。干旱缺水，不仅嫩茎抽生缓慢，而且纤维增多，降低食用品质。采笋结束后，在高温季节，更应及时灌水，促进株丛茂盛，为翌年的嫩茎增产贮备营养。雨季要及时排水，防止土中积水及空气缺乏，妨碍地下茎和根的生长，甚至引起烂根缺株。

（3）采收 虽然定植后第1年既可采收嫩茎，但由于植株矮小，根部尚未充分伸展，生产上一般以第2年、第3年开始采收嫩茎为好。采收绿笋的株丛顶上不需培土成高垄，但要经常培土，收割的长度为22～28厘米，收取后按粗细分级，每500～1000克扎成1捆上市，采笋期每隔15～20天施肥1次，亩施优质复合肥15～20千克，或人畜粪尿加0.5%复合肥淋施，采收一结束，即应拔草培土，恢复原有畦面，并在株丛两侧开沟，亩施优质腐熟农家肥1000～1500千克，盖土。

176. 入冬前芦笋如何进行管理

芦笋是多年生作物。每个生长季节结束后，入冬前的管理至关重要。在土壤封冻前应浇 1～2 次越冬水。当芦笋地上部完全枯死后，可将枯茎割除，并清理地面上的枯枝落叶，运出地外烧掉，以消灭病虫害源。保暖防冻每亩用草木灰 100 千克、生石灰 20 千克充分拌匀施在芦笋根部周围，再培土 3～5 厘米厚，这样既能杀菌消毒，又能起到保暖防冻的作用。

定植后第 2 年春天应适时浇水，中耕保墒，保持土壤见干见湿。在 4 月地温回升到 10℃以上时，地下害虫如金针虫、蝼蛄、地老虎、蛴螬、种蝇、蚂蚁等开始为害芦笋幼苗和嫩茎，5 月为害最严重，6 月为害部位下移。此期应及时用辛硫磷等农药喷洒地面，或拌成毒土、毒饵撒于田间防治地下害虫。夏季高温多雨，应及时锄草和排涝，并防治病害。

177. 芦笋如何进行病虫害的防治

主要病害有茎枯病。

（1）症状　发病期，在距地面 30 厘米处的主茎上，出现浸润性褐色小斑，而后变成淡青至灰褐色，同时扩大成菱形，也可多数病斑相连成条状。病斑边缘红褐色，中间稍凹陷呈灰褐色，上面密生针尖状黑色小点。

（2）防治方法

①选择地势高燥，排水良好的地段栽培。

②清洁田园，割除病茎，烧毁或深埋。

③田间覆盖地膜，控制氮肥，防止生长过旺。

④药剂防治：发病初期用 70％甲基托布津 800～1000 倍液，1∶1∶240 波尔多液；50％代森铵的 1000 倍液每 7～10 天 1 次，连喷 2～3 次。主要虫害有蛴螬、蝼蛄、种蝇、金针虫等地下害虫为害。可在田间撒 25％敌百虫粉加 5 倍细土做成的毒土施入根系周围。

178. 芦笋生产中经常发生的问题及解决办法

（1）嫩茎少但较粗壮　因氮肥施用过多，造成磷芽形成数量少。预防措施：在土壤湿度适宜的情况下，增施磷、钾肥。每亩施入二铵 4～6 千克，氯化钾 5～8 千克。

（2）嫩茎少而细弱　是因为土壤通气差，上年采笋过度养分消耗过多。在土壤湿度适宜的情况下，每亩施入尿素 8～10 千克、二铵 5～8 千克、氯化钾 5～8 千克。

（3）嫩茎多而细弱　是因为移栽过浅，肥料施用不足。在土壤湿度适宜的情况下，每亩施入尿素 8～10 千克，二铵 5～8 千克，氯化钾 8～10 千克。

（4）嫩茎少而细弱有老化　肥料施用不足；磷肥施用偏多。在土壤湿度适宜的情况下，每亩施入尿素 8～10 千克、二铵 3～5 千克、氯化钾 8～10 千克。

二十七、黄　秋　葵

179. 黄秋葵有什么特点

黄秋葵别名羊角豆、秋葵、咖啡黄葵等，属锦葵科 1 年生草本植物，原产非洲，2000 年前埃及首先栽培。《本草纲目》中有记载。近几年从日本引入中国大陆栽培，是具有较高营养价值的新型保健蔬菜。

黄秋葵的食用部分为蒴果，羊角形，横断面为五角形或六角形，含有丰富的维生素 A、维生素 B、维生素 C，以及铁、钾、钙等微量元素。其嫩荚肉质细嫩，还含有一种黏性糖蛋白，有保护肠胃、肝脏和皮肤粘膜的作用，并有治疗胃炎、胃溃疡及痔疮的功效。可用来炒食、做汤、凉拌，风味独特。在非洲许多国家均作为运动员食用的首选蔬菜。其叶、芽、花也可食用。花、种子、根均可入药，对恶疮、痈疖有疗效。其产品可大量加工、出口，深受国内外消费者喜爱。

180. 黄秋葵对环境条件有什么要求

（1）对土壤的要求　黄秋葵对土壤适应性较广，不择地力，但以土层深厚、疏松肥沃、排水良好的壤土或沙壤土较宜。

（2）对温度的要求　黄秋葵喜温暖、怕严寒，耐热力强。当气温13℃、地温15℃左右，种子即可发芽。种子发芽和生育期适温均为25℃～30℃。

（3）对水分的要求　黄秋葵耐旱、耐湿，但不耐涝。发芽期土壤湿度过大，易诱发幼苗立枯病。结果期干旱，植株长势差，品质劣，应始终保持土壤湿润。

（4）对光照的要求　黄秋葵对光照条件尤为敏感，要求光照时间长，光照充足。应选择向阳地块，加强通风透气，注意合理密植，以免互相遮阴，影响通风透光。

181. 黄秋葵主要有哪些栽培类型与品种

黄秋葵按果实外形可分为圆果种和棱角种；依果实长度又可分为长果种和短果种；依株形又分矮株和高株种。

矮株种高1米左右，节间短，叶片小，缺刻少，着花节位低，早熟，枝少，抗倒伏，易采收，宜密植。高株种植株高大，果实浓绿，品质好。

182. 黄秋葵在吉林省什么时间栽培比较合适

由于黄秋葵喜温暖，怕霜冻，因此整个生育期应安排在无霜期内，开花结果期应处于温暖湿润季节。

在吉林省比较适合进行露地栽培，一般在5月中旬播种或露地移栽，8月初可陆续收获。

183. 黄秋葵如何进行播种和育苗

在吉林省栽培可采取露地直播和育苗移栽方法进行生产。具体做法如下：

（1）直播法　黄秋葵多行直播。播前浸种12小时，后置于25℃～30℃下催芽，约24小时后种子开始出芽，待60%～70%种子“破嘴”时播种。播种以穴播为宜，每穴3株，穴深2～3厘米。各地应在终霜期过后，适时播种，先浇水，后播种，再覆土2厘米左右。

（2）育苗移栽法　如采取育苗移栽法，多于3月上中旬在日光温室播种育苗。床土以园土、腐熟有机肥、细沙按6∶3∶1比例混匀配制而成。播前浸种催芽，整平苗床，按株行距10厘米点播，覆土厚约2厘米。播后应保持床土温度25℃，4～5天即发芽出土。苗龄30～40天，幼苗2～3片真叶时定植。最好采用塑料钵、营养土块等护根育苗措施，培育适龄壮苗。

184. 黄秋葵栽培在整地作畦上应注意些什么

黄秋葵忌连作，也不能与果菜类接茬，以免发生根结线虫。最好选根菜类、叶菜类等作前茬。土壤以土层深厚、肥沃疏松、保水保肥壤土较宜。冬前前茬收获后，及时深耕，每亩撒施腐熟农家肥5000千克、氮磷钾复合肥20千克，混匀耙平作畦。

185. 黄秋葵栽培如何进行田间管理

（1）间苗　破心时即第1次间苗，间去残弱小苗。2～3片真叶时第2次间苗，选留壮苗。3～4片真叶时定苗，每穴留1株。

（2）中耕除草与培土　幼苗出土或定植后，气温较低，应连续中耕两次，提高地温，促进缓苗。第1朵花开放前加强中耕，以便适度蹲苗，以利根系发育。开花结果后，植株生长加快，每次浇水追肥后均应中耕，封垄前中耕培土，防止植株倒伏。夏季暴雨多风地区，最好选用1米左右竹竿或树枝插于植株附近，防止倒伏。

（3）水肥管理

①浇水　黄秋葵生育期间要求较高的空气和土壤湿度。播后20天内缺水时宜早晚人工喷灌。幼苗稍大后可机械喷灌或沟灌。炎夏季节正值黄秋葵收获盛期，需水量大，地表温度高，应在早上9点以前，下午日落后浇水，避免高温下浇水伤根。雨季注意排水，防止死苗。整个生长期以保持土壤湿润为度。

②追肥　在施足基肥的基础上，应适当追肥，不可偏施氮

肥。第1次为齐苗肥，在出苗后进行，每亩施尿素6～8千克。第2次为提苗肥，定苗或定植后开沟撒施，每亩施复合肥15～20千克。开花结果期重施1次肥，每亩施氮磷钾复合肥20～30千克。生长中后期，酌情多次少量追肥，防止植株早衰。

（4）植株调整　黄秋葵在正常条件下植株生长旺盛，主侧枝粗壮，叶片肥大，往往开花结果延迟。可采取扭枝法，即将叶柄扭成弯曲状下垂，以控制营养生长。

生育中后期，对已采收嫩果以下的各节老叶及时摘除，既能改善通风透光条件，减少养分消耗，又可防止病虫害蔓延。采收嫩果者适时摘心，可促进侧枝结果，提高早期产量。

（5）采收　黄秋葵从播种到第1嫩果形成约需60天左右。以后整个采收期为60～70天，全生育期可达120天左右，甚至更长。黄秋葵商品性鲜果采摘标准以果长8～10厘米，果外表鲜绿色，果内种子未老化为度。一般第1果采收后，初期每隔2～4天收1次，随温度升高，采收间隔缩短。8月盛果期，每天或隔天采收1次。9月以后，气温下降，3～4天采收1次。通常花谢后4天采收嫩果，品质最佳。

186. 如何进行黄秋葵的病虫害防治

（1）病害防治　主要病害有病毒病。此病由蚜虫传播，应及时防治蚜虫。植株发病初期，可用病毒A500～800倍液或83—增抗剂100倍液叶面喷雾防治，每隔5～7天1次，连喷3～4次。

（2）虫害防治　主要是蚜虫和蚂蚁。可选用50%抗蚜威或辟蚜雾可湿性粉剂2000～2500倍液。

二十八、根　芹　菜

187. 根芹菜有什么特点

根芹菜别名根洋芹、球根塘蒿等，是伞形花科芹属中的一个变种，以脆嫩的肉质根和叶柄供食用。根芹菜原产地中海沿岸的沼泽盐渍土地，由叶用芹菜演变形成。目前主要分布在欧洲地区。我国近年来引进栽培。

188. 根芹菜对环境条件有什么要求

根芹菜喜冷凉湿润的气候条件，适宜的生长温度为20℃左右，25℃以上生长缓慢，不耐炎热高温，高温条件下，肉质根易发生褐变和腐烂。

根芹菜适于湿润的土壤条件。适宜的土壤是有机质丰富、疏松肥沃的壤土。

189. 根芹菜在什么栽培季节进行栽培

根芹菜多为露地栽培，由于生长期比较长，在吉林省主要进行春季栽培。春季栽培在吉林省可于1～2月育苗，4～5月露地定植。

190. 根芹菜春季栽培如何进行播种和育苗

一般在温室内育苗，播种前10～15天，育苗设施应施肥、浅翻、整平，做成平畦，扣严塑料薄膜，尽量提高地温。

播种前用30℃的温水浸种12小时，后捞出，用纱布包裹，置于20℃的温度条件下催芽。催芽期间，喷水保持种子湿润。每天抖松种子数次，以利通气，并使之见散射光，促进迅速发芽。7天左右，种子50%以上“露白”，即可播种。

播前，苗床先浇大水，待水渗下后，撒种。撒后覆细土0.5厘米厚。

播种后，立即盖严塑料薄膜，提高苗床温度。白天保持20℃左右、夜间15℃左右，促进迅速发芽出苗。

出苗后，根据外界气温适当放风。白天保持17℃～20℃、夜间12℃～15℃。

苗期适当浇水，1月可不浇水，2月浇2～3次水，3月每5～7天浇1次水，以保持土壤见湿见干为度。水分过多，会降低地温，影响幼苗生长。土壤干旱，易旱死幼苗。

有条件时，在1～2叶期间苗，3～4叶期进行1次分苗。分苗株行距为10厘米×10厘米。也可不分苗，但应通过间苗保持株间距离在5～8厘米。

定植前10～20天，外界气温渐高，应注意苗床通风降温。防止苗床温度过高，造成幼苗徒长，以及降低抗低温适应能力，影响定植成活率。一般白天保持15℃～20℃、夜间10℃～15℃。

191. 根芹菜如何进行定植及田间管理

（1）定植 幼苗9～10片叶时，即可进行定植。定植前，每亩施有机肥3000～5000千克，深翻、耙平，做成1.2～1.5米宽的平畦。定植行距为（25～40）厘米×（25～40）厘米。定植密度不宜过大，否则肉质根变小，降低商品质量。由于根系受伤后不易恢复，定植时应小心谨慎挖苗，防止伤根，尽量带土坨移植，以利根系恢复和幼苗成活。定植后及时浇水。

（2）田间管理 定植后2～3天，及时浇缓苗水。缓苗后，立即中耕松土，进行蹲苗5～7天。植株生长前期，适当浇水，保持土壤见干见湿，每5天左右浇1次水。结合浇水，追施1次尿素，每亩10千克，促进根系扩展和肉质根开始膨大。叶丛生长旺盛期，适当多浇水，保持土壤湿润，一般每3～5天浇1次水。肉质根膨大期需水量较多，加上外界气温升高，蒸发量很大，应均匀地多浇水，保持土壤湿润，每3天浇1次水，以促进肉质根迅速膨大。结合浇水，每10～15天追1次复合肥，每次每亩15～20千克，共追两次。生长期间需及时摘除老叶和侧生枝叶，以利通风透光。在肉质根膨大期间，可把根际土壤扒开，用刀修去肉质根的侧根，使主根生长肥大，表面光洁，形状整齐。修根后不要立即浇水，需待2～3天伤口愈合后再浇水，防止伤口腐烂。

192. 根芹菜如何进行病虫害的防治

根芹菜病虫害不多，常发生的病害有叶斑病、斑枯病、软腐病等，发病初期可用77%可杀得500倍液，或50%甲基硫菌灵500倍液，或40%细菌灵8000倍液，上述药之一，或交替应用，每 7～10 天叶喷 1 次，连喷 2～3 次。

常发生的虫害有蚜虫，可用 50％辟蚜雾 2000 倍液喷雾防治。

二十九、芽 苗 菜

193. 什么是芽苗菜

芽苗菜是利用植物的种子或其他营养器官，在黑暗或光照条件下直接生长出可供食用的嫩芽、芽苗、芽球、幼梢或幼茎，是无污染、食用安全的保健型蔬菜。芽苗菜品质鲜嫩，口感极佳，富含多种人体所需的营养成分，具有独特的保健功能。

194. 芽苗菜生产有什么特点

芽苗菜的生产周期短，栽培过程中很少施用化肥、农药，属于无公害绿色食品；栽培技术易掌握，投资成本低、效益高；生产不受季节的限制，既可规模化工厂生产，也可庭院棚室简单生产。

195. 芽苗菜主要有哪些品种

目前可生产豌豆苗、龙须豆苗、萝卜苗、荞麦苗、香椿芽、玉米芽、花生芽、苜蓿苗、绿豆芽、蚕豆芽、小麦芽、菜花芽、甘蓝芽、蒲公英芽、败酱根芽、苦菜芽、甜菜芽、油葵苗、黄芥苗等品种。

196. 芽苗菜对环境条件有什么要求

芽苗菜生产对温度、湿度、光照、水源等条件有较严格的要求。一般要求催芽室 20℃～25℃，栽培室 16℃～25℃；绿化型产品光照强度控制在 3 万～4 万勒克斯，半软化型产品不超过 1 万勒克斯；栽培室内应具有通风设施，以保持室内空气清新；必须有贮水及排水系统。

197. 芽苗菜生产需要哪些设施

芽苗菜的无土免营养液栽培多采用苗盘纸床、多层立体进行。要选择适宜的栽培架、栽培容器与栽培基质。栽培架主要用于栽培室摆放多层苗盘，进行立体栽培以提高空间利用率。为方便管理，一般架高160～210厘米，每架放苗盘4～5层；架长150厘米、宽60厘米，每层放置6个苗盘；栽培容器一般多选用轻质的塑料蔬菜育苗盘，苗盘规格为62厘米×23.6厘米×（3～5）厘米；栽培基质宜选用清洁、无毒、质轻、吸水持水能力强，使用后残留物容易处理的纸及白棉布、珍珠岩等；盆、缸、浴缸或水泥池等浸种和苗盘清洗容器应根据生产规模来添置。

198. 芽苗菜如何进行播种催芽

（1）浸种　用于芽苗菜生产的种子一般要求纯度、净度好，发芽率高，子粒饱满。一般先用20℃～30℃的洁净清水将种子淘洗2～3遍，品种不同，浸泡的时间也不同。一般豌豆、香椿浸24小时，萝卜浸6～8小时。浸种结束后将种子再淘洗2～3遍，沥去多余水分。

（2）播种　播种前先将塑料苗盘用石灰水或漂白粉消毒，再用清水冲净，然后在盘底铺1层纸，豌豆、萝卜和绿豆等种子即可播种。

（3）催芽　播种完毕后，将苗盘叠摞在一起，放在平整的地面进行叠盘催芽。催芽时苗盘叠摞和摆放高度不得超过100厘米，每摞之间要间隔2～3厘米，以利通气。催芽室内温度保持20℃～25℃。

199. 芽苗菜在栽培室如何进行管理

（1）光照管理　为使芽苗菜从叠盘催芽的黑暗、高湿环境安全过渡到栽培环境，在移到栽培室前应放置在空气相对湿度较稳定的弱光区域过渡1天，以避免发生“芽干”等危害。生产绿化型产品时，在芽苗上市前2～3天，苗盘应置放在光照较强的区域，以使芽苗更好地变绿，但在进入6～8月以后，尤其是采用日光温室等设施作为生产场地的，为避免过强的光照，必须在温室外覆盖遮阳网，以使光照适度。

（2）温度管理　芽苗菜出盘后所要求的温度应根据不同种

类、不同生长期分别进行管理。如果同一生产场地同时种几种芽苗菜的话，室内温度夜晚应不低于16℃，白天不高于25℃。

（3）通风管理　通风是调节栽培室温度和湿度的重要措施之一。通风可保持栽培室空气清新和降低空气相对湿度，利于减少种芽霉烂和避免空气二氧化碳的缺失。因此，在室内温度能得到保证的情况下，每天应通风换气1～2次。

（4）水分管理　由于芽苗菜栽培采用了不同于一般无土栽培的苗盘纸床栽培技术，加之芽苗本身鲜嫩多汁，因此必须采用“小水勤浇”，冬天每天喷淋3次，夏天每天喷淋4次。浇水要均匀，先浇上层，然后依次浇下层。浇水量以喷淋后苗盘内基质湿润、苗盘内张纸不大量滴水为宜。

200. 芽苗菜怎样采收

采收根据品种不同方法也不一样。例如豌豆苗播种后8～9天即可收获，收获时苗高约15厘米，顶部小叶已展开，食用时切割梢部7～9厘米，每盘可产350～500克；萝卜苗播种后50天即可收获，收获时苗高6～10厘米，子叶展开、充分肥大，食用时齐根切割，每盘可产400～500克；种苗香椿浸种后，从催芽开始经18天左右即可收获，收获时苗高7～10厘米，子叶平展、充分肥大，小叶还未长出，食用时可齐根切割或带根拔出，每盘可产400～500克。

下篇　野菜栽培

一、基础知识

201. 生产无公害野菜需掌握哪些技术

所谓无公害野菜，指的是在生长过程中，没有受到污染或有毒残留量极微（在食用标准允许范围内）的野菜，要生产无公害野菜，必须掌握一套无公害野菜的生产技术。

（1）最大限度地减少化学农药的使用　为了达到这个目的，野菜生产者必须通过综合防治的手段，加强对病虫害的防治。

①广泛选用抗病品种。

②搞好播种前的种子处理。如种子包衣，温汤浸种等技术措施。

③加强田间管理，防止病虫害的发生，包括合理灌溉施肥、增强植株的抗病能力，搞好田间卫生，清除残枝落叶。

④合理安排生产和掌握合适的播种期。包括合理轮作、间作以减少病害的发生，掌握合适的播种期以错开病害的流行期。

⑤利用无毒或低毒高效生物农药。

（2）尽量减少化学肥料的施用

①以有机肥为主，多施基肥；

②要尽量施用复合肥，减少单一化学肥料的施用；

③要根据不同作物和不同生长期对各种元素的需要合理施肥，禁用硝态氮肥。

202. 如何对野菜进行分类

我国主要的野菜有300多种，其中普遍栽培的有30～40种，目前，对这些野菜的分类，主要有以下3种方法：

（1）植物学分类　根据植物学的形态特征，按照科、属、种来分类。优点是可以明确科、属、种间在形态、生理上的关系，以及遗传性、系统发育上的亲缘关系。这种分类法，在遗传育种，病害防治上有着重要意义。缺点是往往同一科的野菜有着不同的栽培方式。

（2）按照食用部分分类　根据食用器官的形态，分为根、茎、叶、花、果实5类，而不考虑它们在遗传学上及栽培上的关系。优点是：由于食用器官相同，可以了解彼此在形态上及生理上的关系。一般而言，食用器官相同的野菜，栽培方法及生物学特性也大体相同。缺点是无法了解食用器官相同的野菜间的遗传特点。

（3）农业生物学分类　根据野菜农业生物学特性进行分析，是综合了以上两个方面分类法的优点，比较适合于生产实践。

203. 野菜生长对土壤有哪些要求

（1）要有一个深厚的土层和耕层　能使作物根系有适当的伸展和活动场所，而且松紧适宜的耕层，能使水、肥、气、热不断供给作物的生长。

（2）要有一个沙黏适中的土壤质地　需富含有机质，具有良好的团粒结构。

（3）要有一个合适的土壤酸碱度　不含过多的重金属及其他有毒物质。

204. 野菜开发利用现状如何

（1）资源利用不均衡。

（2）生产、加工水平与发达国家相比还有一定的差距。

（3）人工栽培研究力度不够。

205. 野菜的繁殖方法有哪些

有性繁殖、无性繁殖和孢子繁殖。

206. 什么是有性繁殖

有性繁殖又叫种子繁殖。雌雄两性配子受精以后，受精卵发育成胚，受精的极核发育成胚乳，珠被发育成种皮，胚、胚乳和种皮三者共同形成种子。种子繁殖方法有较强的可塑性和广泛的适应性，其繁殖系数大，方法简单，便于操作，在条件适宜的情况下，能大量获得实生苗，是种子植物的主要繁殖方法。

207. 什么是无性繁殖

无性繁殖是利用植物的部分营养器官，如根、茎、叶、芽、花药等进行繁殖而形成新个体的过程。它是利用植株营养器官的再生能力和能产生不定芽或不定根的性能来繁殖的。优点是能保持母本的优良性状，但生活力不如播种苗强。通常采用扦插、压条、分株（分离）、组织培养等方法。

208. 什么是组织培养

植物体的细胞、组织或器官的一部分，在无菌的条件下接种到一定培养基上，在培养容器内进行培养，从而得到新植株的繁殖方法称为组织培养，又称为微体繁殖。

209. 种子的特性有哪些

种子是处于休眠状态、具有生命力的活体。成熟的种子，只要打破休眠，具备种子萌发所需要的温度、水分、空气等条件，就能生根发芽，在适宜的土壤、光照条件下，长成新植株。由于种子的结构、成分和贮藏的条件不同，它的生命力就有长有短，如桔梗的种子生命力不超过1年，百合种子的生命力为2～3年。改变贮藏条件，如在温度－20℃左右、相对湿度15％、二氧化碳含量高于氧气、无光照的条件下，可大大延长种子的生命力。

210. 如何进行选种和采种

首先要选择品种纯正、发育正常、健壮、无病虫害的植株作为采种的母株，并对母株加强肥水管理；其次要及时采收发育成熟的种子，剔除干瘪和不饱满的种子；采集后的种子一般采用阴干或晒干，装入纸袋或通气的容器，并放在通风干燥的条件下保存，不能装入塑料袋，以防霉变。

211. 如何进行播种前种子的处理

为了促进种子迅速发芽和使一些难发芽的种子及时萌发，需要进行适当的处理，一般可采用如下方法：

（1）对大多数易发芽的种子可采用冷水或温汤浸种，冷水浸种在10小时左右，种子全部浸在水中；温汤浸种在4小时左右，将种子倒入50℃的温水，边倒边搅拌，直至水温比体温稍低再停止搅拌。浸种后，控净水，用纱布覆盖，在25℃～30℃的条件下催芽，当芽露头即可播种。

（2）对于种皮较硬、外被胶质或蜡质、吸水力差的种子，采用机械损伤、去壳或用硫酸、赤霉素等化学药剂处理后，再浸种催芽。

（3）有些种子收获后，还需要一段时间完成后熟；有的还有一定的休眠期，可采用低温处理或用赤霉素处理，打破种子休眠，促进其提早发芽。

212. 如何选择野菜播种期

大多数野菜种子适宜春播或秋播。春播的种子已通过了休眠，秋播的在低温湿润条件下有利于打破休眠。有些种子采后即可播种，并且发芽率高。为了做到心中有数，应了解植物生长发育的特性，结合气候等条件，适时进行播种。

213. 野菜播种方法有哪些

分为撒播、条播和穴播3种。

（1）撒播　在整平的土层表面均匀撒上种子，再覆盖表土。此种方法适于育苗盘育苗、大田种畦种植。大田撒播适用于植株直立、分枝少，并有利于提高单位面积产量、对品质影响较小的品种，出苗后及时间苗、分苗，通风透光，防止徒长，能减少病虫害，提高土地的利用率。

（2）条播　在垄的中间开沟，再将种子均匀播下。适于垄播或畦播。优点是植株间距小，行间距大，光照充足，通风透光，幼苗健壮，便于中耕除草。

（3）穴播　是按照株行距挖穴直接播种。适于育苗钵、大田垄播。可节省种子，便于管理，有利于植物生长。

214. 野菜播种深度如何确定

覆土厚度为种子直径的3倍左右，大粒种子覆土深一些；小粒种子覆土浅一些，黏质土壤，干旱条件下播种宜深；沙壤土，湿润环境下播种宜浅；种根类的应深埋一些，栽茎的应浅埋；单子叶植物的种子可覆土深一些，双子叶植物的种子宜浅播。播种的深浅直接影响出苗率，应依据植株的特点灵活掌握。

215. 什么是扦插

切取根、茎、叶三者中的任何一部分，插入珍珠岩、蛭石、沙床中，在温度、湿度适宜的条件下，使其发根，进而发育成新的植株。此法的优点是：生长快，开花期早，短期内能育出大量幼苗。凡易产生不定根的野菜均可采取扦插法，如马齿苋等。

216. 什么是压条

是将枝条压入土中，促使其生根、发芽后，再与母株分离，按芽切断栽植，培育成新植株，如柳蒿芽等。

217. 什么是分株

是将植株的球茎、鳞茎、根茎、株芽、块根或块茎等从母株上分割下来，培育成新个体的过程。分鳞茎的如百合，分株芽的如卷丹等。

218. 什么是培养基

培养基就是离体的植物器官、组织生长的土壤和肥料。不同的植物需要的最佳的培养基组成也不同，主要成分有无机盐类、碳源、氮源、肌醇、氨基酸、天然化合物、激素、琼脂、其他有机物。根据需要，可制成固体或液体培养基。不同外植体选用不同的培养基。

219. 组织培养中植物材料的灭菌方法是什么

将外植体在清水中漂洗去灰尘，用滤纸吸干表面水分，浸泡在70％的乙醇中15～30秒，再浸入0.1％升汞溶液灭菌5分钟，取出，用无菌水冲洗3～4次，滤纸吸干水分备用。

220. 组织培养中培养条件有哪些

在无菌条件下，将外植体接入盛有培养基的培养瓶或试管中，封口膜封口。环境条件要满足其生长的需要，温度保持在25℃左右，光照强度1500勒克斯，光照时间12小时，湿度50%左右。

221. 组织培养试管苗的移栽方法是什么

当试管苗长出3厘米左右的白色根，并伴有侧根和根毛时，即可把试管苗移到室外，在适宜的温度条件下，放置3～4天，再打开瓶口炼苗2～3天，然后移入消毒过的盛有珍珠岩或蛭石的育苗盘中。移栽前要洗净培养基；移栽后要防止暴晒，注意保湿。

222. 采收标准是什么

（1）适时采收。

（2）合理计划采收，注意资源保护。

（3）按规格采收。

223. 常见鲜野菜低温贮藏的方法是什么

用新鲜的藓类植物、青草或植物的叶片等铺垫、覆盖或用纸、保鲜膜包裹。这些包裹材料可降低“散发作用”，保持野菜的鲜度。不要用普通塑料膜或袋，它们的透气性差，内表面又易结霜，会导致“焐菜”。不得不使用时，应注意不要将菜装满，要留有空间，封口不要扎紧，且袋壁上要剪留若干小孔，使之能较好地透气散热。然后按“根”下“梢”上方式垂直放置于低温处，此原理基于“垂直保鲜法”，即改变自然生长状况下的位置，将会使呼吸作用、“散发作用”加强。

224. 常见鲜野菜冷冻贮藏的方法是什么

冷冻贮藏即采用冷冻的方式，使野菜冻结，并维持冰冻状态，以阻止或延缓其腐败变质的方法。此法适于远途运输或长期贮存。冷冻有速冻和缓冻之分，其划分依据是冷冻的速度。食品中心温度由－1℃降至－5℃所需的时间在30分钟以内，称之为速冻；超过30分钟的，称之为缓冻。由于缓冻过程中细胞内外的结冰速度不同，胞外先结成的冰晶可能损伤细胞膜，解冻后脱汁明显，营养风味损失严重，菜质变软，实际加工中一般不用此方法。

速冻过程中，细胞内外同时结冰，对细胞损伤程度极小，能较好地保存野菜的营养与风味，是一种理想的加工方法。但此法要求技术设备条件严格，投资大，产品成本高，且并非所有野菜种类均适合于此种加工方法。

225. 什么是野菜干制

野菜干制即在自然状态下或人工处理情况下，使野菜失水干燥的加工方法。此法便于野菜的长期保存及远途运输。分自然干制和人工干制两种。

226. 什么是自然干制

是指利用太阳辐射热、自然风等使野菜脱水干燥的加工方法。其特点是设备简单、成本低廉，是野菜产区较普遍使用的方法。常用于蕨、薇菜、猴腿蕨、发菜、桔梗、黄花菜、榛蘑、冬蘑、牛肝菌等。适合于含灰分较多、不宜鲜食的种类。缺点是易受气候和地区的限制。

227. 什么是人工干制

是由人工控制干燥条件的一种加工方法。它既包括较传统的烘炕、烘房、干燥机械，也包括现代技术如微波干燥技术和红外线干燥技术，特别是真空冻干技术。由于真空冻干过程不需要热处理，因此能更好地保持野菜的原有色泽、营养和风味。大多数野菜适于此干制方法。其缺点是设备昂贵，产品成本过高。

228. 什么是盐制

盐溶液具有强烈的渗透和脱水作用，当盐浓度为7％～10％时，就可以有效控制各种细菌的生长繁殖；当盐浓度达到15％时，可引起细菌质壁分离而致死亡，同时野菜体内能够促进呼吸、“成长”作用及催促褐变的酶会因失水而导致活性消失。传统盐制野菜的方法分干制和湿制两种。

229. 什么是层菜层盐法

先在容器底部铺撒厚约 2 厘米的无碘盐，摆放上一层菜，再铺撒一层盐之后再摆一层菜，最后在容器的顶部再铺撒一层盐封口，压上重物。此盐渍方法适合于含水量较高的野菜种类。

230. 什么是湿制法

即先在容器底部铺撒厚 2 厘米的无碘盐，再逐层摆放野菜，野菜装满后，上面铺撒封口盐，注入饱和盐水，压上重物。此盐制法适合于含水量较低的野菜种类。

231. 什么是新盐渍法

将采收的野菜整理后立即投入已备好的无碘饱和盐水中，6～24小时捞出，再视原料性质采取干制或湿制的方法盐制。此方法的优点是能较快地将野菜体内与劣变有关的酶钝化，提高盐制品的品质。近年已在内蒙古、黑龙江、吉林等地的一些野菜产区广泛采用。这种经新盐渍法处理的野菜，与传统盐制法的制品相比，品质明显提高。

232. 什么是罐藏

罐藏是指将食品装入容器中，经脱气、密封后加热杀菌，使食品得以长期保存的方法。加热处理是罐藏食品最基本的工序，但过热处理将会导致食品品质下降。因此，为减少热处理的副作用，热处理的标准以杀死致病菌及引起食品腐败的细菌为准，即所谓的商业无菌，而不是生物学意义上的无菌。

罐藏容器的材料常用的有金属罐、玻璃瓶、铝罐及软包装。目前野菜罐藏以软包装制品为主。适于软包装加工的野菜种类很多，其原料性质可以是鲜品，也可以是盐渍品或干制品，但多数由鲜品直接加工成软包装制品的野菜，其品质不如盐渍品再加工的好，如蕨菜、猴腿蹄盖蕨、荚果蕨等。这些野菜鲜品经盐化处理（参照盐制），除杀菌、钝化酶、去除灰分外，还能改善野菜的品质，提高加工性能。

233. 什么是醋酸保藏

有机酸中醋酸防腐作用最强，而冰醋酸更强。当冰醋酸溶液 pH 值为 3～4 时，所有细菌的生长繁殖都将停止，保质期可达 1 年。

234. 如何鉴定野菜是否含有毒性

要了解野菜有无毒性，一是根据历来民间采食经验；二是用化学方法检测有毒成分。此外，还可用动物实验来鉴定，而化学检测最为灵敏、准确，但常由于缺乏必要的分析条件而不能实行。这时，利用煮熟观察法也是一种简易而有效的鉴别法。

(1) 煮熟后尝味，若有明显的苦涩或其他怪味则表示有毒。涩味表示有单宁，苦味则可能含有生物碱、糖苷等苦味物质。

(2) 在煮后的汤中加入浓茶，若产生大量沉淀，则表示内含金属盐或生物碱。

(3) 煮后的汤水经振摇后产生大量泡沫者，则表示含有皂苷类物质。

(4) 煮过晒干磨成粉，混入饲料中，喂养动物，观察动物有何反应。

235. 野菜的去毒处理法有哪些

(1) 凉水浸漂法　水中浸泡并漂洗，可除去溶于水的糖苷、单宁、生物碱和亚硝酸盐。

(2) 煮沸法　先煮开，再用清水漂洗，可进一步除去上述物质。

(3) 烘炒法　加热可使某些有毒物质分解或能除去一些挥发性毒物。

(4) 碱洗法　用 0.1%碳酸钠溶液或石灰水浸泡可除去单宁。

(5) 酸洗法　用稀醋酸浸洗可除去生物碱。

236. 野菜中毒急救治疗的方法有哪些

民间传统采食的野菜，一般无毒或毒性很小，一旦误采了有毒植物，并发生意外，吃后有头晕、头痛、恶心、腹痛和腹泻等中毒症状时，应立即停止食用，并进行急救治疗。原则为排除毒物和解毒。

（1）催吐　可用手指或用鸡翎扫咽喉部，使之吐出清水为止。

（2）导泻　常用导泻剂有硫酸镁和硫酸钠，用量15～30克，加水200毫升，口服。

（3）洗胃　最方便的可用肥皂水或浓茶水洗胃，也可用2%碳酸氢钠洗，此法亦能同时除去已到肠内的毒物，起到洗肠的作用。

（4）解毒　在进行上述急救处理后，还应当对症治疗，服用解毒剂，最简便的是吃生鸡蛋清、生牛奶或用大蒜捣汁冲服。有条件的可服用通用解毒剂（活性炭4份，氧化镁2份，单宁2份和水100份），其主要作用能吸附或中和生物碱、苷类、重金属和酸类等毒物。

237. 野菜的食用方法有哪些

野菜的吃法与栽培野菜相仿，根据民间食用法大致有以下几种：

（1）生吃　一些无毒、味好或带有酸甜味的野菜都可以生食，如苣荬菜等洗净消毒后就可生食或调味拌食。这种吃法维生素不会损失或损失很少。

（2）炒食、煮汤或做馅　无毒和无不良异味的野菜，如荠菜，其嫩茎叶洗净后即可炒食或煮食，也可做馅，味道都很好。

（3）凉拌　有些无毒味美的野菜，如水芹菜，洗净，用开水烫过，加入调料，凉拌吃。这种吃法可去掉一些野菜的苦涩味，营养素损失也不大。

（4）煮、浸、去汁后炒食　某些有苦涩味的野菜，如柳蒿，将其可食部分洗净后，先用开水烫过或煮沸，再用清水浸泡，减除苦涩味后挤去汁水，炒食，这种吃法营养素损失较多。

（5）做干菜　大部分野菜都可先经开水烫煮后晒成干菜或盐腌，以备缺菜时食用。此法主要适宜一些季节性强，采摘期较短而易于大量采集的种类，如黄花菜、蕨菜。

（6）近年来，在我国的大中城市的一些宾馆、饭店中，出现了野菜宴席，有的以佐酒的凉菜上席，有的则配以鸡、鸭、鱼、猪和牛肉上席，有的甚至是整桌的野菜宴。还有的推出了以野菜为主的用于治病保健的药膳席。

238. 常见的四种浸种方法是什么

热水浸种法、温水浸种法、凉水浸种法和氢氧化钠浸种法。

239. 怎样进行热水浸种

一般用于难于吸水的种子，水温为70℃～80℃，技术要点：处理前种子要充分干燥，以提高它忍受高温的能力；水量不能超过种子量的5倍；烫种时要用两个容器来回倾倒，最初要快，使热气尽快散发并提供充足的氧气；当水温为55℃时，改为不断搅动并保持水温7～8分钟；以后步骤同下温水浸种。

240. 什么是热水烫种法

首先用凉水刚好浸没种子，再用80℃～90℃热水，边倒边搅动，当水温达到70℃时，停止注入热水，继续搅拌，经过1～2分钟，再注入凉水，当水温降到30℃时，停止搅动，继续浸种一段时间。茄果类、菜豆、黄豆等野菜种子可用这种方法，有杀菌作用，可缩短浸种时间，但应注意别烫伤种子。

241. 什么是温水浸种法

先将种子放入瓦盆，再缓缓倒入50℃～55℃温水（两份开水对1份凉水），边倒边搅拌，使种子受热均匀，持续15～20分钟后，水温达到30℃时，继续浸种。这种方法也有一定的消毒作用，茄果类、瓜类、甘蓝类种子都可用。

242. 什么是凉水浸种法

用22℃～25℃水浸泡种子，适用于各种野菜种子，浸种时间应适当延长。浸种时间因种皮厚薄及水温高低而有差别，皮厚吸水慢的种子浸种时间要长，种皮薄吸水快的种子时间要短；水温高比水温低浸种时间要短。总的要求是以种子充分吸水没有干心为适度。浸种的器皿必须清洁，以免种子表皮附着油腻而烂种。浸种过程中要搓掉种皮上的黏液，并每隔8～12小时换一次水，以满足种子呼吸需用的氧气。

243. 什么是氢氧化钠浸种法

此法能杀灭野菜种的内外大部分病毒和真菌，可有效预防野菜病毒病、炭疽病、角斑病和早疫病等。先用清水将菜种浸4小时，然后置于25%的氢氧化钠溶液里浸15分钟，最后用清水冲洗，晾18小时。

244. 什么是瓦盆催芽法

把浸泡好的种子洗净，滤去多余的水分，用洁净的湿布包好，放入底部垫有稻草的瓦盆里，以免底部积水浸坏种子。再把瓦盆放在较暖和的地方，盆上盖一层麻袋，并适当补充水分，使上下温湿度均匀。发芽时间长的种子，每天还要用清水投洗一次。

245. 什么是掺沙催芽法

将浸泡好的种子，与洗净的河沙混合，河沙与种子的比例是(1～2)：1，拌和均匀，装在瓦盆里，盆上再盖上一层湿沙或湿布，放在适温处催芽。这种方法的优点是保湿、保温，透气性好，出芽整齐，不易沤种，管理也方便。

246. 什么是体温催芽法

把浸泡好的种子洗净，滤去多余的水分，用洁净的湿纱布包好，装到小尼龙袋子里，然后放到人体贴胸内衣里，利用人体的温度催芽。这种方法，适合种子量较少的时候用，优点是保湿、保温，可随时随地观察，不会烧芽。

247. 什么是吊袋催芽

将泡好的种子晾成半干，装入洁净的纱布袋里，吊在温室中适温的地方，每隔2～3小时用手在袋上上下触动，轻轻翻动，使其水分和受热均匀，并能补充氧气。要注意袋子不能装满。

248. 如何安排合理的播种期

合理的播种期要达到的目的是：一要使病虫害减少到最低点；二要实现优质高产。因此，安排播种期时要考虑各种野菜的生育期，使其生长的旺盛期处于气候条件最适宜的月份里。如育苗就是为了创造条件，使生长正好与最适生长的月份相吻合。

249. 为什么播种要选择晴朗的天气

播种选择晴朗的天气，最好能确保播种后能有3～6天的晴朗天气，可保持苗床有较高温度，使出苗整齐健壮。如果催芽完成后碰到连续阴雨天气，可将种子放在低温下控制胚根生长，等待晴天后再播种。

250. 怎样做发芽实验

野菜种子收获后、贮藏期间及播种前，均需要经常或定期做发芽试验，以鉴定和把握种子的发芽能力，预测其播种后的出苗情况，以确定能否作为播种材料出售和播种。种子发芽需要适宜的温度、水分、氧气等条件，有些野菜种子发芽还对光照或黑暗有一定要求，在做发芽试验时应尽量满足。做发芽试验的步骤包括以下几点：

(1) 均匀取样。

(2) 不同野菜种类的种子，应采用不同的发芽试验方法。

①纸床发芽试验法，适用于小粒种子；

②沙床发芽试验法，适用于大粒种子。

(3) 发芽期间的管理　在发芽过程中，每天检查1～2次，并适当补给水分，使种子吸水均匀。需光的种子白天应放在亮处。种子开始发芽后，每天计数一次。发现有腐败的种子应随时拣出并登记。若有5%以上的种子霉变时，应更换培养皿内的滤纸，并将种子用清水冲洗后再放入皿内继续令其发芽。

251. 发芽率与发芽势的区别是什么

发芽势是指种子发芽初期它在规定时间内能正常发芽的种子

粒数占供检种子粒数的百分率，是判断田间出苗率的指标；发芽率是指种子发芽终止在规定时间内的全部正常发芽种子粒数占供检种子粒数的百分率，用以判断田间出苗率。种子发芽试验方法较多，最为简单的就是土壤发芽法：可在室外避风光照好的地方选定小块疏松土地，首先播下种子，再盖上土，最后浇水保持土壤的湿润。假如室外温度较低，则可用木盘和木箱子，取疏松土壤过筛后装入，然后做成发芽床，保持土壤湿润，播下种子以后，天晴的时候把它放在室外避风向阳的地方，阴雨天和下午4点以后放入室内，待种子幼苗出土后，每天检查和记录好出苗的种子数，待达到规定时间后，再扒开土壤检查已发芽而未出土的种子数，再加上已出土的种子数，最后计算种子发芽率。

发芽率和发芽势的测定方法是：将种子放在最适宜的发芽条件下计算在规定的天数内发芽的种子数，并算出占供试种子的百分率：

发芽率＝规定发芽率测定天数内正常发芽的种子粒数/供试种子粒数×100％

发芽势为发芽初期比较集中的发芽率，发芽势决定着出苗的整齐程度，发芽势高，出苗整齐，子苗生长一致，反之子苗参差不齐。中粒以上种子用50粒测定，其他种子用100粒测定，重复3次，求其平均值。种子取样必须是随机的。目前我国还没有对草本花卉种子发芽率、发芽势的测定天数做出全面的统一规定。

252. 怎样用感官鉴定种子的生活力

用感官鉴定种子的生活力，或说用感官鉴定种子的新陈，即用眼看、手压、牙咬、尝味等方法进行检验和判断。此法简便、易行，有一定的准确性。但其鉴定的准确性依赖于多年的实践经验，故有局限性。野菜种子感官鉴定生活力的方法如下：新种子表皮光滑，有光泽，用指甲挤压种子富有油分，碎子呈片状，子叶浅黄色或黄绿色。而陈种子或已无生活力的种子，表皮发暗无光泽，用指甲挤压种子易碎，油分少，有哈喇味，子叶黄色。

253. 哪些因素影响种子的寿命

（1）内部因素

①种皮构造　种皮坚硬致密而不易透水透气，比种皮柔软又薄、易透水透气的种子保持活力的时间长。

②种子内生化物质　含脂肪、蛋白质多的种子比含淀粉多的种子寿命长。

③种子含水量　种子含水量过高，酶处于活化状态，呼吸作用强，代谢旺盛，促使种子发芽或使养分大量消耗，种子寿命短。种子含水量达安全含水量时寿命长。

④种子成熟度和损伤状况　成熟度不好以及有机械损伤的种子呼吸速率高或易霉烂，易失去活力。

（2）外部因素

①空气温度　种子寿命随着贮藏环境空气温度升高而降低。大多数林木种子，贮藏期间最适宜的温度为0℃～5℃。

②空气相对湿度　空气相对湿度愈高，种子含水量增加愈快，呼吸作用旺盛，越容易失去活力。

③通气条件　通风通过影响种子含水量和环境温湿度而影响种子寿命。

④生物因素　霉菌、虫害。

254. 简易贮存种子可采取哪些方法

（1）野菜种一定要与其他菜、粮、草、树种子分开存放，避免混杂。贮存前要彻底清除其中的茎、叶、杂草、泥土等杂物，贮存房间应进行常规消毒处理，严防种子受到污染。

（2）控制好水分，种子水分应控制在8%～9%，一般种子控制在12%～13%。水分过高，极易霉变。

（3）种子贮存的最佳温度应控制在10℃。温度过高，种子呼吸旺盛消耗自身贮存营养，降低发芽率。

（4）种子及包装应用砖木垫高，离地50厘米以上，不可直接放在地面上，否则易受潮而降低发芽率，贮室应注意通风换气。

(5) 种子千万不可用塑料袋包装密封，因塑料袋不透气，种子被迫进行无氧呼吸，会产生乙醇和有机酸等有毒物质而死亡，失去发芽力。

(6) 种子不可与农药、化肥一同保存，不可受到烟气蒸熏。要注意防止鼠害、虫咬等。

255. 哪些种子在播种前需要进行药剂处理

种子消毒的方法有好几种，根据杀菌原理可以分成两大类，一类是热力杀菌，另一类是药剂杀菌。在生产应用时，可根据当地条件，任选以下一种。

(1) 高温处理　将干燥种子放入70℃恒温箱中，处理72小时，然后再浸种、催芽、播种，对番茄病毒病有一定钝化作用。

(2) 温汤浸种　一是湿种温汤浸种；二是干种温汤浸种；三是药剂拌种。

256. 种子包衣是怎么回事

种子包衣，也称种子大粒化，这是种子加工和播种育苗现代化一项新技术和重要措施。种子包衣所用的物质包括内、外两层，外层物质不但要有易于成型的特性（使包衣层达到用手捏后可破裂的程度），还应具有吸湿性和可溶性。在种子发芽时，这种物质能吸收水分而自行裂开，不会影响种子发芽。内层物质中含有易被种子安全吸收的肥料和杀菌剂。种子包衣后可使原来的小粒种子或形状不规则的种子，成为大粒、整形（圆形或卵圆形）的种子。

257. 种子包衣的主要作用是什么

(1) 便于机械化播种　容易掌握播种量、播种深度，从而提高播种质量和工效。

(2) 显著节约种子用量　由于种子吸水力增强，而使种子发芽、出苗整齐。

(3) 便于实现定量播种　从而减少间苗次数，甚至可以不间苗。

（4）包衣中含有肥料和杀菌剂　可以减轻病害发生，且幼苗生长茁壮。

258. 人工包衣是怎么回事

对于用种量小的可采用人工直接包衣的方法。其方法如下：

铁锅或大盆包衣法先将锅或盆固定，按比例称好种子和种衣剂量倒入锅或盆内，用木锨或双手快速翻动、搓揉，拌匀后取出阴干备用。

（1）大瓶或小铁桶包衣法　称取少量种子装入准备好的大瓶或小铁桶内，按药种比例称取种衣剂，然后边倒边快速搅拌，拌匀为止，倒出后阴干。

（2）塑料袋包衣法　在种子量较少时，将两个大小相同的塑料袋套在一起，称取一定比例的种子和种衣剂装入袋内，扎上袋口双手快速揉搓，拌匀后倒出留作种用。

（3）塑料薄膜包衣法　在离村庄较远的地方选一块背阴通风地，挖一个圆坑，在坑内铺放塑料薄膜，把种子和种衣剂按比例倒入坑里，进行搅拌，使种皮粘药均匀，然后取出摊放在薄膜上，经3～4小时形成种衣后收起来保存备用。

259. 种子休眠是怎么回事

有些野菜的种子成熟后，在刚收获后的一段时间里，虽给予合适的发芽条件也不会发芽，或发芽很不整齐，种子似乎睡着了一样，需要过一段时间慢慢睡醒了才能发芽，这种现象叫做种子的“休眠”。

260. 种子休眠主要原因有哪些

种子休眠的主要原因有：胚未成熟；种皮（果皮）的限制；抑制物质的存在。

261. 为什么有些包装的种子不能长期贮存

国内在野菜种子包装上发展很快。聚乙烯铝箔复合袋、铁皮罐、铝质易拉罐包装应用十分普遍。这些包装材料均具有防潮、无毒、不透气、不易破裂、重量较轻等优点。如果包装质量合格，即品种品质尤其是播种品质（如种子净度、水分、发芽率等）符合质量标准的种子，完全可以较长时间存放，或供多年使用。据了解，目前在种子清洗、干燥、包装方面，存在的突出问题是大多缺乏种子干燥设备，只是经阳光下晒一晒，很难达到种子长期保存的安全含水量，由于包装时种子的含水量较高，而包装材料又不透气，种子在包装容器中呼吸会产生有毒气体；种子含水量较高，霉菌也会活动，会使种子变质。有些种子带有虫卵，也会孵化生虫，为害种子。总之，正是因为在种子包装前未能达到包装的质量要求，故多数包装的种子不宜久存。

262. 从外地引进的种子应注意什么问题

从外地引进的种子应注意：品种的生态适应性；注意品种特性；从正规渠道引进通过审定和检疫的品种；所引品种的栽培方式；市场因素。

263. 什么样的秧苗算壮苗

壮苗的标志是：叶呈深绿色、光泽较强；叶长5～6厘米，胚轴一般为3～4厘米；叶肉较厚；叶柄和胚轴短粗，敦实；真叶数不超过4～5片，子叶覆盖在纸筒上端；苗势整齐、无病。

264. 种子如何消毒防病

2.5%适乐时悬浮种衣剂包衣消毒是最新推广应用种子处理技术，除可杀灭潜伏在种皮的病原真菌，还可渗入种子内部，杀灭侵入种子内部的病原真菌，并在种子播种后可在种子周围形成一个抑菌保护圈，使秧苗顺利出土不受病原真菌的侵害，出苗率高，出苗早，苗粗壮，有效防治野菜根茎病害。

方法：采用2.5%适乐时1000倍液处理，先将纯净干种子重量的4‰剂量，再用1∶10的少量清水稀释，然后倒入需处理的种子充分搅拌均匀着色为止，可即拌即用。能有效地控制茄科瓜类苗期的猝倒病、立枯病等病害。

二、育苗设施与管理

265. 如何建造阳畦

筑阳畦之前先做好位置规划；前作收后在畦基的边缘做埂挡水，浇湿畦基。若畦基湿度较大，则不必浇水。然后垒踩畦墙，先北墙，后东西墙，再南墙。垒墙时将畦基附近表土扒到一边，取其底土向畦基上堆垒，每垒一层土，站上人用脚踩实，用平板铁锹削平畦顶，再将畦墙两侧削平滑。畦墙除垒踩建造外，也可用干打垒的方法，即用夹板立到筑畦墙的墙基处，填土夯实即可。夹风障的方法与风障小拱棚建造相同。使用前畦口上盖塑料薄膜和草苫，塑料薄膜种类较多，应根据用途选择。草苫一般宜用稻草苫，厚4厘米、宽1.5米，长度10米左右。阳畦的规格，一般以宽1.5米、长22.5米为标准畦，每个标准畦占地，除畦墙占地外，有效面积27平方米，每道风障前可做两个阳畦。连同夹风障所占1畦，走道占1畦，称为4畦一组。若建1个阳畦则为3畦一组。

266. 怎样建造火道

首先选好床址。为便于管理，床址最好设在宽阔安全的庭院内。在选好的床址上，挖一个东西长4.5米、宽1.5米、深10厘米的床坑，同时在床坑外的西头距苗床40厘米处挖一个长2米、宽1米、深1.5米的烧火坑。其次，沿床坑的南、北、东三面挖宽45厘米、深15厘米的沟，在此沟中间挖深25厘米、宽20厘米深的烟道，直通西边床外，并在床外筑成一个60厘米高的烟囱。挖好后在烟道上盖瓦抹泥，防止漏水返烟。再次，在南北烟道的中间挖宽45厘米、西端（烧火口）深30厘米、东端深15厘米的沟，与东端沟相连，在此沟中间挖一火洞，宽25厘米，西端深30厘米，东端深20厘米，与东端烟道相通，火洞按两端深度顺成斜坡。最后盖瓦抹泥，填土踩实，将床坑底整平，待排营养钵。在烧火坑靠苗床的墙上，距地面90厘米左右向内挖一宽45厘米、深30厘米的拱形洞，砌火炉与火洞相接。

火道建好后，在床四边建矮墙，北高40厘米，南高10厘米，两端北高南低呈斜坡式与南北墙相接。

267. 电热温床怎样修建

电热温床一般宽1.5米左右，床坑深20～25厘米。挖好床坑即可布置电热线。布线前按苗床的长度和宽度计算好电热线在苗床内布线行数和间距（间距一般为8～10厘米）。以长7米、宽1.2米的苗床为例，一般选用电压220伏、电流4安培、功率800瓦、长100米的电热线，按布线间距平均为8.5厘米计算，可以布14行。为避免苗床四周与中间温度差异过大，幼苗生长不匀，布线时边缘两条线的间距可适当缩小，中间略加宽。布线时先在苗床两端距床壁5厘米，按间距插入小木棍，木棍长7～8厘米，粗1厘米左右，露出地面1厘米，要插牢。然后从苗床一端开始，将电热线一头固定在木棍上，把线拉到苗床另一端，绕过两根木棍后再拉回来，这样经过多次直到布完全床。布线时必须注意将线拉直拉紧，不能交叉重叠。电热线两头引线必须留在苗床的同一端，以便接电源。布好线后即接通电源，检查通电是否正常。正常时切断电源，在线上盖土2厘米厚，然后排列营养钵，准备播种。有条件的地方可把电热线与控温仪配合使用，实现苗床温度的自动控制。初次使用可请电工按照使用说明书接线，以免发生意外。

268. 如何进行苗床消毒

（1）药物熏蒸法　就是把甲醛、溴甲烷等有熏蒸作用的药剂加入到苗床土壤里，并在土壤表面盖上薄膜等覆盖物，使药物气体在土壤中扩散，杀死病菌。土壤熏蒸后，待药剂充分散发后就可以进行播种。

（2）太阳能消毒　这种方法只实用于高温季节，播种前把地翻平整好，用透明吸热薄膜覆盖好，土壤温度可升至50℃～

60℃，密闭15～20天，可杀死土壤中的各种病菌。

(3) 毒土法　先将药剂配成毒土，然后施用。可以在整地后，每平方米苗床用10克杀毒矾拌细土10千克撒在土壤中，半个月后再整地。

269. 苗床为什么要调制培养土

(1) 素面沙土　多取自河滩。排水性能好，但无肥力，多用于掺入其他培养材料中以利排水。

(2) 园土　取自菜园、果园等地表层的土壤。含有一定腐殖质，并有较好的物理性状，常作为多数培养土的基本材料。

(3) 腐叶土　由落叶、枯草等堆制而成。腐殖质含量高，保水性强，通透性好，是配制培养土的主要材料之一。

(4) 山泥　分黑山泥和黄山泥两种，是由山间树木落叶长期堆积而成。黑山泥酸性，含腐殖质较多；黄山泥亦为酸性，含腐殖质较少。

(5) 泥炭土　是由泥炭藓炭化而成。由于形成的阶段不同，分为褐泥炭和黑泥炭两种。褐泥炭含有丰富的有机质，呈酸性反应；黑泥炭含有较多的矿物质，有机质较少，呈微酸性或中性反应。

(6) 砻糠灰　是由稻谷壳燃烧后而成的灰，略偏碱性，富含钾元素，排水透气性好。

(7) 厩肥土　由动物粪便、落叶等物掺入园土、污水等堆积沤制而成，具有较丰富的肥力。此外，还有塘泥、河泥、针叶土、草皮土、腐木屑、蛭石、珍珠岩等，均是配制培养土的好材料。

270. 怎样调制培养土

配制培养土，应根据野菜生长习性和培养土材料的性质以及当地的条件灵活掌握。常用的培养土配置比例为腐叶土（或泥炭土）：园土：河沙：骨粉＝35：30：30：5，或腐叶土（或泥炭土）、素面沙土、腐熟有机肥料、过磷酸钙等按5：3.5：1：0.5

混合过筛后使用。

271. 如何进行露地苗床育苗

指无任何覆盖物的苗床上进行育苗。露地苗床应选地势较高燥，光照较好，通风，水源方便，排水通畅，土质较好的地块。按需要做平畦，雨季可做成小高畦，畦外挖好排水沟。整地作畦，施腐熟过筛农家有机肥 6 千克/米^2，准备播种或分苗。

272. 如何进行塑料小拱棚育苗

在庭院里背风向阳地育苗，畦顺南北方向用新竹竿、竹片或旧的直径 6～8 毫米的钢筋，每隔 50 厘米插成拱圆架，架高 60～80 厘米，长、宽依畦宽和长。覆盖农用薄膜，四周要埋严埋牢，夜晚再覆盖草苫防寒保温。一般多在苗床上直接铺营养土，或摆放纸钵、塑料钵进行育苗。

273. 如何进行改良阳畦育苗

改良阳畦有较高的后墙，内部空间增大，不仅改善了温、光、湿、气等环境条件，而且管理操作也较方便。其结构大小，应视具体情况建造，最好长度大些，有利提高增温保温性能，一般后墙高 80～110 厘米、中柱高 100～130 厘米、墙厚 50 厘米、畦宽 220～250 厘米，长 15 米以上，东西走向，拱架南北向隔 50～60 厘米，上覆盖薄膜，夜间盖草苫。在菜园选向阳背风处用砖或土坯砌墙。

274. 如何进行靠墙拱棚育苗

在庭院北房窗前距地面 80 厘米的墙壁上钉一根 8 厘米×10 厘米的木条，然后每隔 50 厘米，按育苗畦宽度，南北向将竹竿或竹片，一端插入土中，另一端固定在木条上，成为靠墙拱棚同样可进行育苗。其内部环境条件基本同改良阳畦。

275. 如何进行阳畦育苗

全靠太阳光的辐射热能为热的来源，在寒冷季节进行耐寒性野菜的播种分苗。阳畦的性能虽不如改良阳畦，但建造简单，成本低。在前茬作物收后，于 10 月下旬前将阳畦建好。阳畦四周土框，以潮湿土垒打而成，北框高45厘米，南框高15～20厘米，四边框厚为底宽40厘米、上宽30厘米。在北框外挖沟，夹1.52米高风障，风障稍向南倾斜，立竹竿骨架夹绑高粱秸或玉米秸，也可用旧薄膜，为增强防风性能应在风障背后披稻草苫，风障底脚披土加固。阳畦上覆透明塑料薄膜，要压紧埋牢，夜间覆盖草苫防寒。

276. 如何进行电热温床育苗

寒冷季节用电热线加温使育苗床土壤温度提高，达到培育野菜秧苗的目的。可以用在温室大棚、阳畦等设施内苗床的土壤加温，不需整个育苗期都通电加温，只需在温度达不到要求时进行加温，这样可减少成本。

电热温床的设置：挖取10～15厘米畦土，然后将畦底整平，先铺35厘米厚隔热层，可减少热量损失，节约用电。隔热层用碎麦秸、稻草或树叶铺平后，填一层床土，约3厘米厚，就可铺设电热线，由于苗床四周散热快，温度低，布线时边行线距密一些，缩小2厘米，中间线距要放大2厘米，平均线距10厘米，苗床两头钉小竹棍，来回放线，要拉紧放直，电热线不得弯曲、交叉、打卷、铰接、破损、截短、加长。注意安全用电，农事活动时要切断电源，电热线铺好，进行检查，试电，然后再铺育苗土，10厘米厚，整平，浇水，即可进行育苗。

277. 如何进行火炕温床育苗

火炕温床是利用烧煤、柴草、秸秆等燃烧产生的火焰和烟气，直接烘烤苗床土来提高床土温度，进行育苗。

火炕温床是在育苗畦底层，挖上火道与炉灶相通，点燃炉灶之后，烟火经火道进入烟囱，这样，烘烤热的火道将苗畦土加热，就提高了育苗畦温。通过炉灶燃烧火力大小来控制火道的温度及畦土温。

278. 如何进行遮阳棚育苗

在夏秋季节育苗为防止高温、强光、暴雨对野菜秧苗的伤害，在露地苗畦之上，立拱棚架或搭框架，先覆盖薄膜防暴雨冲淋，再覆盖遮光降温的遮阳网、苇帘、竹帘、草帘、树枝等物，可在高温多雨季节培育秧苗。注意苗床地要选择高燥便于排灌水、通风的地块，遮阳棚两侧的薄膜要卷起 40 厘米以利通风，棚高 1 米，棚架要插在苗畦埂外。

279. 如何进行日光温室内育苗

利用防寒、保温、采光性能更好的日光温室，在寒冷季节可以生产野菜，更可以在其内作畦，进行育苗。为了更进一步增湿保温可采取：加扣小拱棚覆盖；室内做电热温床；日光温室北墙脚增设火炉、火管道散热，进行临时性加温。

280. 如何进行无土育苗

以疏松透气的固体材料作基质，由各种营养元素配制成的营养液，来代替床土进行育苗的方法。所育出的苗不局限在无土栽培上，也应用到一般的土壤栽培上，效果良好。无土育苗的好处是秧苗生长快、整齐、素质好，缩短苗龄，苗壮，根系发达，减轻土传病害，克服连作障碍，省工，成本低。基质育苗，在设施内地面挖深 0.1 米、宽 1～1.2 米、长 5～10 米的地槽，槽底要有一定的倾斜度，以便营养液流动，或者用一层砖摆放成槽，在其上铺整幅的塑料薄膜，中间铺放基质，可选用煤渣、炭化稻壳、蛭石、草灰，可单独使用或按一定比例混合使用，比例 1∶1 的草炭、蛭石，或 1∶1∶1 的草炭、蛭石、锯末，用配制好的营养液浇灌。床底下可铺电热线，床上可扣小拱棚。

281. 育苗纸钵如何制作

可用废旧报纸，在育苗前手工叠制而成。先将旧报纸裁成宽 13～15 厘米、长 28～30 厘米的纸条，左手持直径 8 厘米的塑料饮料瓶，右手把纸条卷住瓶身 8～10 厘米，余 4～5 厘米，横折成钵底，接头处可用糨糊粘牢，然后右手握瓶，左手脱下纸钵，右手放瓶后抓营养土装入纸钵。营养土不要装得过紧过满，离钵口 1.5 厘米，将包装土的钵密排于育苗床上，即可制成高 9～10 厘米，直径8厘米的纸钵。

282. 育苗盘如何制作

可用木板制作，一般长50厘米、宽40厘米、高12厘米。用于各种野菜的播种。

283. 塑料育苗钵有哪些规格

各种规格较多，常用(8～10)厘米×(8～10)厘米，还可用(6～8)厘米×(6～8)厘米。多为黑色、耐老化、软塑料育苗钵，有专门工厂生产。

284. 野菜的播种方法有哪些

(1) 根据种子数量，可采用床播或盆播。

(2) 要求苗床高燥、平坦、背风、向阳，土壤疏松肥沃，既利于排水，又有一定的蓄水能力，然后，根据种类及种子大小进行点播、条播或散播，覆土厚度为种子直径的2～3倍，细小的种子可不必覆土。

(3) 播种后用木板将床面压实，使种子与土壤密切结合，以利吸收水分而发芽。

(4) 播种后上面覆盖塑料薄膜。或在苗床镇压后可覆盖稻草，以保持湿润，防止雨水冲刷。盖草后用细喷壶喷水，使整个苗床吸透水。盆播的可直接在盆面上盖玻璃。

285. 塑料薄膜(或覆盖物)如何管理

(1) 密封保温阶段　从播种到出苗，为密封保温阶段。当膜内温度超过30℃时，可在两头进行短时间的通风降温，以防幼苗徒长和发黄。

(2) 通风降温阶段　幼苗十字期前后，气温增高，生长加速，晴天中午前后膜内温度可达35℃以上，如不通风降温，则会引起幼苗徒长。开始通风时可先开启苗床两头，以后增加两侧通风孔，一般上午9时至下午4时进行通风。

286. 播种的苗床为什么要进行土壤消毒灭菌

幼苗的健壮程度是关系到能否获得高产、高质的关键之一。

未经消毒的床土，存在大量的能引起作物致病的病原菌，育苗期的幼苗如被感染，再遇上高温或低温高湿，会引起苗期的猝倒、立枯或沤根等严重的苗期病害。而且这种病苗移植到大田，在适当的环境下，会引起毁灭性的病害。

常用的床土消毒农药有福美双、敌克松、五氯硝基苯。其用法是用1份农药与100份细土充分相拌，或用药剂于播种前一周进行床土熏蒸。

287. 苗期管理掌握的技术是什么

苗期管理是培育壮苗过程中最重要的环节。管理原则是让秧苗有促有控，促控结合，使苗健壮生长。具体技术措施为：温度管理；水分管理；通风换气；合理移植；综合防治病虫害。

288. 早春野菜育苗确定适宜的播种期的主要依据是什么

野菜育苗适宜的播种期应根据生产计划、气候条件、野菜种类及品种特性、苗床设备、育苗技术及栽培方式等具体情况确定。其中应主要考虑两个条件：确定定植期；确定适宜的苗龄。

289. 野菜田间管理主要有哪几个方面

(1) 水分供应　野菜苗生长过程中对水分的要求非常敏感，各生长期不可缺水。否则生长就会失调。供水方法一是采用喷灌；二是采用沟灌；三是对弱苗单独用喷壶浇水。

(2) 叶面喷肥　为了促进野菜苗生长，可在不同生长期对野菜苗采用叶面喷肥，方法是用0.2%的磷酸二氢钾喷野菜苗，10天喷1～2次即可。

(3) 防治病虫害　野菜苗在生长过程中，会遭受很多的病虫为害，影响产量和质量，降低经济效益，必须抓好防治才能达到丰产丰收。目前，野菜生长过程中病害主要有霜霉病、紫斑病、疫病，使用药剂为克露500倍液、杀毒矾500倍液、百菌清500倍液。在6～7月间喷洒，10天1次。虫害有葱潜叶蝇，发现为害时用灭杀毙800倍液防治，10天1次。

(4) 消灭杂草　当畦与畦之间的沟中长出杂草时及时铲除。

290. 在野菜栽培中，为什么要培土

培土是将土培在野菜茎叶基部。通常与中耕除草结合进行。

（1）具有护根防倒的作用。在野菜生长季节，由于雨水等作用，往往造成“露根”现象，在强烈阳光下会使部分根失水致死。及时培土，可起到保护根系的作用。

（2）利于产生不定根。有些野菜培土后产生不定根，从而增强了吸水肥的能力，使植株茁壮成长。

（3）对有些野菜具有特殊的软化作用。如培土后，能使东北土当归嫩茎伸长，延长老化期。“软化栽培”在山芹菜、山韭菜等栽培中普遍应用。

（4）增强了通透性，利于调节土壤的温湿度。培土后，由于培土层疏松，毛细管与土表断裂，从而起到了降低土温，保持墒情的作用，这对于夏季生长的野菜是非常重要的。

291. 床土如何消毒

选择避风向阳的高平地作苗床，并开深沟，以利排水和降低地下水位，如旧苗床，则必须换用新土，以减少菌源，基肥要用充分腐熟的有机肥，防病效果较好。同时进行苗床土消毒。具体方法，选用“庄伯伯颗粒肥”进行床土消毒处理，用法：先将床土耕翻，1 平方米用“庄伯伯颗粒肥”100 克，均匀撒在床田内，并浇足足够的水分，用塑料膜盖上封闭 7 天，周围一定要压好。7 天后揭膜，翻一下，等待 5～7 天后再进行播种，能有效地控制猝倒病、立枯病的病原菌侵入茄果瓜类秧苗根茎，减少发病。

292. 种菜温室如何消毒

（1）高温闷棚　在种植前 7～15 天，在棚内施肥翻地后，盖好塑料薄膜，关好门和放风口，闷棚 7～15 天，让棚温尽可能升高，晴天时棚内可达 40℃左右的高温，杀菌、杀虫、消毒、控温一举数得。

（2）棚室熏烟消毒　一般在野菜播种前 2～3 天进行，每立方米棚室用 4 克硫黄、8 克锯末放在小容器内燃烧，最好在晚间进行，熏烟密闭一昼夜，对温室、大棚骨架、设备消毒，可用1∶(50～60)倍福尔马林溶液进行洗刷或喷洒。

(3) 土壤消毒可用50%多菌灵、50%甲基托布津或70%敌克松1000倍液浇定植水或浇灌喷洒土壤进行消毒。对霜霉病、疫病严重的温室、大棚可用0.5千克硫酸铜，对水100～150千克，浇灌土壤。

三、测土与施肥

293. 测土配方施肥的主要内容是什么

测土配方施肥的主要内容为6个字，即测土、配方、施肥3个重要环节。具体来说：

(1) 测土　是测土配方施肥的基础，也是制定肥料配方的重要依据。包括取土和化验分析两个过程，具体开展时要根据测土配方施肥的技术要求，作物种植情况，选择重点区域、代表性田块进行取样分析。

(2) 配方　是测土配方施肥技术的重点：一是根据土壤肥力状况，开展田间肥效试验，制定作物测土配方施肥技术规程；二是依据配方，以各种单质或复混肥料为原料，配制配方肥；三是建立数据库，提供针对性强的肥料配方和使用技术。

(3) 施肥　是测土配方施肥的关键：一是使用配方肥料，直接向农民供应配方肥，使农民用上优质、高效、方便"傻瓜肥"；二是针对示范区农户地块和作物种植状况，制定测土配方施肥建议卡，农民根据配方建议卡自行购买各种肥料，配合施用。

294. 为什么要推广应用测土配方施肥技术

测土配方施肥是一项科学性、应用性很强的农业科学技术，对促进粮食增产、农业增效、农民增收具有十分重要的意义。一是建设高效生态农业的需要，通过测土配方施肥技术，不仅能培肥地力，增加产量，改善农产品品质，而且减少肥料成本，减轻农业污染，达到节本增效，保护环境的作用。二是科学技术快速发展的需要，测土配方施肥技术不仅仅是一项简单的技术工作，它是由一系列理论、方法、技术、推广模式等组成的体系工程，也是多项技术的综合配套应用的成果。

295. 测土配方施肥的理论依据是什么

测土配方施肥是以养分归还（补偿）学说、最小养分律、同等重要律、不可代替律、肥料效应报酬递减律和因子综合作用律等为理论依据，以确定不同养分的施肥总量和配比为主要内容。

（1）养分归还（补偿）学说　作物产量的形成有40％～80％的养分来自土壤，但不能把土壤看作一个取之不尽、用之不竭的“养分库”。依靠施肥，可以把被作物吸收的养分“归还”土壤，确保土壤肥力。

（2）最小养分律　作物生长发育需要吸收各种养分，但严重影响作物生长、限制作物产量的是土壤中那种相对含量最小的养分因素，也就是最缺的那种有效养分（最小养分）。如果忽视这个最小养分，即使继续增加其他养分，作物产量也难以再提高。

（3）同等重要律　对农作物来讲，不论大量元素或微量元素，都是同样重要缺一不可的，即使缺少某一种微量元素，尽管它的需要量很少，仍会影响某种生理功能而导致减产。微量元素与大量元素同等重要，不能因为需要量少而忽略。

（4）不可替代律　作物需要的各营养元素，在作物体内有一定效能，相互之间不能替代。如缺磷不能用氮代替，缺钾不能用氮、磷配合代替。缺少什么营养元素，就必须施用含有该元素的肥料进行补充。

（5）报酬递减律　当施肥量超过适量时，作物产量与施肥量之间的关系就不再是曲线模式，而是抛物线模式了，单位施肥量的增产会呈递减趋势。

（6）因子综合作物律　作物产量高低是由影响作物生长发育诸因子综合作用的结果，但其中必有一个起主导作用的限制因子，产量在一定程度上受该限制因子的制约。为了充分发挥肥料的增产作用和提高肥料的经济效益，一方面，施肥措施必须与其他农业技术措施密切配合，发挥生产体系的综合功能；另一方面，各种养分之间的配合施用，也是提高肥效不可忽视的问题。

296. 测土配方施肥与习惯施肥有什么不同

测土配方施肥是以土壤测试和肥料田间试验为基础的，技术的核心是调节和解决作物需肥与土壤供肥之间的矛盾。最基本的特征是因土因作物施肥；因缺补缺，作物缺什么元素就补充什么元素，需要多少补多少，实现各种养分平衡供应；做到产前定肥，产中微调，技物结合。

297. 测土配方施肥为什么要取样测土

土壤肥力是决定产量的基础，据估算，作物生长发育所需要的养分40%～80%来自于土壤。我省土壤受气候、成土母质、地形、种植制度等因素的影响，土壤类型十分复杂，不同区域、不同土壤之间养分差异比较大，肥料的增产效果及肥料品种搭配也就不同。因此必须通过取样分析化验土壤中各种养分含量，才能判断各种土壤类型、不同生产区域土壤中不同养分的供应能力，为测土配方施肥提供基础数据。

298. 测土配方施肥中土壤采样有哪些技术要求

土壤样品采集应具有代表性，并根据不同分析项目采用相应的采样和处理方法。

(1) 采样单元　采样前要详细了解采样地区的土壤类型、肥力等级和地形等因素，将测土配方施肥区域划分为若干个采样单元，每个采样单元的土壤要尽可能均匀一致。平均每个采样单元为100亩（每亩667平方米）（平原、滩涂区、水稻田每100～500亩采一个混合样，山区、半山区、野菜、茶叶等经济作物每30～80亩采一个混合样）。为便于田间示范追踪和施肥分区需要，采样集中在位于每个采样单元相对中心位置的典型地块，面积为1～10亩。

(2) 采样时间　在作物收获后或播种施肥前采集，一般在秋后；进行氮肥追肥推荐时，应在追肥前或作物生长的关键时期。

(3) 采样周期　同一采样单元，无机氮每季或每年采集1次，进行植株氮营养快速诊断；土壤有效磷、速效钾2～3年，中、微量元素3～5年采集1次。

(4) 采样点定位　采样点参考县级土壤图，采用GPS定位，记录经纬度，精确到0.1″。

(5) 采样深度　采样深度一般为0～20厘米。土壤硝态氮或无机氮含量测定，采样深度应根据不同作物、不同生育期的主要根系分布深度来确定。

(6) 采样点数量　要保证足够的采样点，使之能代表采样单元的土壤特性。每个样品采样点的多少，取决于采样单元的大小、土壤肥力的一致性等，一般7～20个点为宜。

(7) 采样路线　采样时应沿着一定的线路，按照“随机”、“等量”和“多点混合”的原则进行采样。一般采用S形布点采样，能够较好地克服耕作、施肥等所造成的误差。在地形变化小、地力较均匀、采样单元面积较小的情况下，也可采用梅花形布点取样，要避开路边、田埂、沟边、肥堆等特殊部位。

(8) 采样方法　每个采样点的取土深度及采样量应均匀一致，土样上层与下层的比例要相同。取样器应垂直于地面入土，深度相同。用取土铲取样应先铲出一个耕层断面，再平行于断面下铲取土；测定微量元素的样品必须用不锈钢取土器采样。

(9) 样品量　一个混合土样以取土1千克左右为宜（用于推荐施肥的0.5千克，用于试验的2千克），如果一个混合样品的数量太大，可用四分法将多余的土壤弃去。方法是将采集的土壤样品放在盘子里或塑料布上，弄碎、混匀，铺成四方形，画对角线将土样分成4份，把对角的两份分别合并成1份，保留1份，弃去1份。如果所得的样品依然很多，可再用四分法处理，直至所需数量为止。

（10）样品标记　采集的样品放入统一的样品袋，用铅笔写好标签，内外各一张。

299. 什么叫土壤质地，它与土壤肥力有何关系

土壤质地是根据土壤的颗粒组成划分的土壤类型。土壤质地一般分为沙土、壤土和黏土3类，其类别和特点，主要是继承了成土母质的类型和特点，又受到耕作、施肥、排灌、平整土地等人为因素的影响，是土壤的一种十分稳定的自然属性，对土壤肥力有很大影响。其中，沙土抗旱能力弱，易漏水漏肥，因此土壤养分少，加之缺少黏粒和有机质，故保肥性能弱，速效肥料易随雨水和灌溉水流失，因此，沙土上要强调增施有机肥，适时追肥，并掌握勤浇薄施的原则；黏土含土壤养分丰富，而且有机质含量较高，因此，大多土壤养分不易被雨水和灌溉水淋失，故保肥性能好，但由于遇雨或灌溉时，往往水分在土体中难以下渗而导致排水困难，影响农作物根系的生长，阻碍了根系对土壤养分的吸收。对此类土壤，在生产上要注意开沟排水，降低地下水位，以避免或减轻涝害，并选择在适宜的土壤含水条件下精耕细作，以改善土壤结构性和耕性，以促进土壤养分的释放；壤土兼有沙土和黏土的优点，是较理想的土壤，其耕性优良，适种的农作物种类多。

300. 什么叫土壤肥力

土壤肥力是土壤的本质特征。土壤中几乎含有作物所需的所有营养元素，但是只有其中一小部分，即溶解在土壤溶液中的营养元素才能被作物吸收利用。土壤在植物生长发育全过程提供并协调水、肥、气、热条件的能力，叫做土壤肥力。

301. 如何识别土壤肥力的高低

在配方施肥中，首先要了解土壤的供肥能力，但由于土壤肥力是土壤物理、化学、生物和环境因素的综合表现，目前还无法用确切的数量指标来表达土壤的肥力水平，更不能用其中一个或几个因子的数量来概括土壤肥力，所以通常把作物种植在不施任何肥料的土壤上所得的产量，即空白产量，作为土壤肥力的综合指标。一般来说，空白产量高，说明土壤供肥能力强，肥力高；反之，土壤供肥能力弱，肥力低。

302. 什么叫土壤有机质，它对土壤肥力有何影响

有机质是土壤的重要组成部分，主要由未分解、半分解的动植物残体，以及腐殖质组成，我省一般土壤耕层中有机质含量在3%左右。尽管土壤有机质只占土壤总重量的很小一部分，但它是体现土壤肥力水平的重要标志之一，其中重要的原因之一是，土壤有机质中含有作物所需的氮、磷、钾、微量元素等各种养分。随着土壤有机质的逐步分解，这些养分可不断地释放出来，供作物生长所需。此外，有机质还可通过影响土壤物理、化学和生物学性质，改善土壤的透水性、蓄水性、通气性、保肥性和作物根系生长环境，进而提高土壤肥力，改善土壤耕性。

303. 有机肥有哪些作用

（1）改良土壤、培肥地力　有机肥料施入土壤后，有机质能有效地改善土壤理化状况和生物特性，熟化土壤，增强土壤的保肥供肥能力和缓冲能力，为作物的生长创造良好的土壤条件。

（2）增加产量、提高品质　有机肥料含有丰富的有机物和各种营养元素，为农作物提供营养。有机肥腐解后，为土壤微生物活动提供能量和养料，促进微生物活动，加速有机质分解，产生的活性物质等能促进作物的生长和提高农产品的品质。

（3）提高肥料的利用率　有机肥含养分多但相对含量低，释放缓慢，而化肥单位养分含量高，成分少，释放快。两者合理配合施用，相互补充，有机质分解产生的有机酸还能促进土壤和化肥中矿质养分的溶解。有机肥与化肥相互促进，有利于作物吸收，提高肥料的利用率。

304. 测土配方施肥为什么要强调施用有机肥

测土配方施肥技术的核心是调节和解决作物需肥与土壤供肥之间的矛盾，土壤供肥能力是土壤肥力的一个主要因素。有机肥含有氮、磷、钾和微量元素，在培肥改土方面有着化肥不可替代的作用。增施有机肥料可以增加土壤有机质含量，改善土壤理化性状，提高土壤保水保肥和供肥能力，提高化肥利用率。因此，实施测土配方施肥必须以有机肥料为基础。

305. 在农业生产实践中，如何提高土壤中有机质含量

在农业生产实践中，通常采用施用有机肥以提高土壤有机质水平。针对有机质含量偏低的土壤，施用有机肥既能保持土壤良好的结构，又能不断供给作物生长需要的养分。主要的有机肥源包括：作物秸秆、绿肥、粪肥、厩肥、堆肥、沤肥等。

306. 保护地栽培土壤主要障碍因子有哪些，在生产上应采取哪些防治措施

保护地栽培土壤在棚膜遮盖条件下，形成了相对封闭的自然环境，特别是在连续种植的情况下，由于大量施用的化肥在土壤中的积累，加上土壤水分向上运动，一般 2～3 年后，土壤开始出现酸化盐化，严重时，土壤表层出现白色盐花（“白霜”）、铜青绿色斑纹斑点，甚至出现棕褐色（“红化”）现象，对作物产生不同程度的危害。作物发生生理障碍的表现为僵苗、死苗、叶片焦枯，茎、叶、果畸形等症状，最终导致作物减产，品质下降。针对保护地栽培土壤的主要障碍因子，可采取以下防治措施：一是采取灌水洗盐的方法；二是用揭棚膜的方法；三是通过合理的轮作。

307. 氮肥的作用有哪些

一是提高生物总量和经济产量，即提高产量；二是改善农产品的营养价值，增加种子中蛋白质含量，提高食品的营养价值。氮肥品种较多，目前作为单质肥料施用较多的主要是尿素与碳酸氢铵。

308. 氮肥施用注意事项是什么

碳酸氢铵做基肥和追肥时应深施，不能与碱性肥料（如钙、镁、磷肥）混施，不能做种肥，也不能与农作物的根、茎、叶直接接触，否则易造成灼伤作物。尿素适合做追肥和叶面喷施，做追肥时要深施，做叶面肥时注意浓度，不能做种肥。

309. 磷肥的作用是什么

合理施用磷肥，可增加作物产量，改善作物品质，加速谷类作物分蘖和促进子粒饱满；促使棉花、瓜类、茄果类野菜及果树的开花结果，提高结果率；增加甜菜、甘蔗、西瓜等的糖分；油菜子的含油量。

310. 磷肥施用注意事项是什么

（1）过磷酸钙　能溶于水，为酸性速溶性肥料，可以施在中性、石灰性土壤上，可做基肥、追肥，也可做种肥和根外追肥。注意不能与碱性肥料混施，以防酸碱性中和，降低肥效；主要用在缺磷土壤上，施用要根据土壤缺磷程度而定，叶面喷施浓度为1%～2%。

（2）钙镁磷肥　是一种以含磷为主，同时含有钙、镁、硅等成分的多元肥料，不溶于水的碱性肥料，适用于酸性土壤，肥效较慢，做基肥深施比较好。与过磷酸钙、氮肥不能混施，但可以配合施用，不能与酸性肥料混施，在缺硅、钙、镁的酸性土壤上效果好。

（3）磷酸一铵和磷酸二铵　是以磷为主的高浓度速效氮、磷二元复合肥，易溶于水，磷酸一铵为酸性肥料，磷酸二铵为碱性肥料，适用于各种作物和土壤，主要做基肥，也可做种肥。

311. 钾肥的作用与施用注意事项是什么

钾肥的主要作用是提高农产品品质和作物的抗逆性。钾肥的品种较少，常用的有氯化钾和硫酸钾。

（1）氯化钾　为中性、生理酸性的速溶性肥料，不宜在对氯敏感的作物和盐碱土上施用，如烟草、甜菜、甘蔗、马铃薯和葡萄。可做基肥和追肥，但不能做种肥（氯离子会影响种子的发芽和幼苗生长）。

（2）硫酸钾　为中性、生理酸性的速溶性肥料，适用于各种作物，可用做基肥（深施覆土）、追肥（以集中条施和穴施为好），可用做种肥和叶面喷施（浓度为2%～3%）。

312. 什么是中量元素肥料，常用品种有哪些

中量元素肥料主要是指硅、钙、镁、硫肥，这些元素在土壤中贮存较多，一般情况下可满足作物的需求，但随着氮磷钾高浓度而不含中量元素化肥的大量施用，以及有机肥施用量的减少，在一些土壤上表现出作物缺乏中量元素的现象，因此要有针对性地施用和补充中量元素的肥料。

常用品种为：钙肥主要有石灰、石膏、过磷酸钙、钙镁磷肥；镁肥主要有钙镁磷肥、硫酸镁、氯化镁等；硫肥主要有普通硫酸铵、硫酸镁、硫酸钾等。

313. 如何施用石灰和石膏

施用生石灰可以中和酸性，消除毒害，增加土壤有效养分（钙肥料），改善土壤的物理性和减少病害等作用，但过量施用也会带来不良后果，因此在施用方法和用量上有讲究。

施用方法以撒施为好。施用量可根据土壤酸性程度和黏性状况来确定。大致为：强酸性（pH值4.5～5.0）黏性土每667平方米150千克、壤土或沙土50～100千克，酸性（pH值5.0～6.0）黏性土100千克、壤土或沙土50～75千克，微酸性（pH值6.0～6.5）黏性土50千克、壤土或沙土25千克。

施石灰容易加速土壤中有机物质分解，因此，施生石灰应与有机肥料如畜禽粪便、饼肥等配合施用。但不能与人畜尿、铵态氮肥、过磷酸钙混存或混用。一次施用后，可间隔2～3年。

石膏主要用于碱性土壤，既可以消除土壤碱性达到改土的作用，又可以提供给作物钙、硫营养的作用。改土消碱，一般667平方米施100～200千克，做基肥，结合灌排深施，与有机肥一起施用，后效长，不用每年都施用。作为钙硫肥施用，水田做基肥或追肥一般每亩用量5～10千克。

314. 作物缺硼有何症状，如何防治

一般土壤有效硼低于0.2毫克/千克时，作物出现缺硼症状。

硼在农作物体内移动性较差，缺硼症状，首先是新生组织生长受阻，根尖、茎尖生长受阻或停止；严重缺硼时，顶芽停止生长，逐步枯萎死亡，根系不发达，叶色暗绿，叶形变小、肥厚、皱缩，茎褐色心腐或空心，花发育不健全，蕾全脱落，花期延长，果、穗不实，块根、浆果心腐或坏死。

硼肥做基肥每亩用硼砂或硼酸 0.2～0.5 千克拌入基肥中施入，注意施用要均匀。由于基施硼肥后效长，不需要每年施用。硼肥做追肥于苗期或开花前期，叶面喷施 0.1%～0.2%硼砂或硼酸溶液。

315. 作物缺锌有何症状，如何防治

一般土壤有效锌低于 1.0 毫克/千克时，作物出现缺锌症状。作物缺锌时植株矮小，节间短簇，叶片扩展和伸长受到抑制，出现小叶，叶片失绿黄化，并可能发展成红褐色。一般症状最先表现在新生组织上，如新叶失绿呈灰绿或黄白色，生长发育推迟，果实小，根系生长差。锌肥施用：由于一般作物在生育前期就会出现缺锌症状，锌肥的施用以做基肥为主。用硫酸锌做基肥时，通常用量为每亩 1～2 千克。叶面喷施用 0.15%～0.3%的硫酸锌。

316. 作物缺铜有何症状，如何防治

土壤络合态铜小于 0.2 毫克/千克（DTPA 法）时为缺乏。缺铜植株叶片畸形，生长瘦弱，新生叶失绿发黄，呈凋萎干枯状，叶尖发白卷曲，种子发育不良或不实。铜肥的施用方法可做基肥，一般每亩 1～2 千克；更多的是根外追肥，一般用 0.1%～0.2%的硫酸铜。使用过程中一定要掌握好用量，要均匀喷施。

317. 作物缺铁有何症状，如何防治

土壤易溶态铁含量低于 5.0 毫克/千克时为缺乏。老叶片中的铁不能向新叶转移，作物缺铁表现在幼叶上。缺铁叶片失绿黄白化，心叶常白化，称失绿症。初期脉间褪色而叶脉仍绿，叶脉颜色深于叶肉，严重时叶片变黄，甚至变白。双子叶植物形成网纹花叶，单子叶植物形成黄绿相间条纹花叶。梨树“顶枯”、桃树“白叶病”是缺铁的典型症状。

铁肥品种主要有硫酸亚铁、EDTA 铁等，多采用 0.2%～0.5%的浓度叶面喷施，果树也可采用树干注射、埋瓶的方法。

318. 土壤测定结果的用途有哪些

测定结果，主要指土壤有机质含量及养分状况，基本上能用土壤化学分析方法得到。土壤有机质含量与作物根际土壤微生物数量的关系十分紧密，有机质含量高低往往决定了土壤的生物活性，同时许多有机物能借助微生物的作用分解转化为有机胶体，大大增加了土壤的吸附表面积，并且产生许多胶黏物质，使土壤颗粒胶结起来变成稳定的团粒结构，提高了土壤保水、保肥和透气的性能及调节土壤温度的能力，为植物根系的生长提供适宜的土壤环境，从而促进植物的生长发育；土壤养分测定值的大小反映出土壤养分含量多少和供肥状况，是衡量施肥效果和确定是否需要施肥的依据，常用来进行不同土壤或不同田块土壤养分状况的比较，同时在田间施肥试验、植株营养诊断和施肥诊断有着广泛的应用及指导作用。在测土配方施肥中，土壤养分测定值和田间试验结果是制定肥料配方和施肥措施的主要依据。

319. 目前使用的肥料主要有哪几类，一般有效含量有多少

（1）大量元素肥料　指氮肥、磷肥和钾肥。氮肥主要有尿素（46%）、硫铵（21%）、碳铵（17%）等；磷肥主要有过磷酸钙（12%～21%）、钙镁磷肥（12%～20%）等；钾肥主要有氯化钾（60%）、硫酸钾（48%～52%）等。

（2）中量元素肥料　主要指钙、镁、硫肥。钙肥常用过磷酸钙、钙镁磷肥、石灰、石膏等；镁肥有钙镁磷肥、硫酸镁、氯化镁等；硫肥主要有硫酸铵和硫酸钾等。

（3）微量元素肥料　微量元素肥料包括锌、硼、钼、锰、铁、铜 6 种元素。它们都是作物生长发育必需的，仅仅因为作物对这些元素需要量极小，所以称为微量元素。

（4）复合（混）肥料　是指氮、磷、钾3种养分中，至少有两种养分由化学方法或掺混方法制成的肥料。含氮、磷、钾任何两种元素的肥料称二元复合（混）肥，同时含氮、磷、钾3种元素的称三元复合（混）肥。复合（混）肥料根据氮、磷、钾总养分含量不同，又分低浓度（总养分≥25.0%）、中浓度（总养分≥30.0%）、高浓度（总养分≥40.0%）。

（5）有机肥料　又称农家肥料。如各种农作物秸秆、人畜粪尿、绿肥、堆肥及其他土杂肥等。其养分全面，是农业生产中的一种重要肥料。

（6）微生物肥料　是指含有活性微生物，能获得特定肥料效应的制品。微生物肥料是靠微生物的作用发挥作用的，其有效性取决于微生物活性。主要有根瘤菌肥料、固氮菌肥料、磷细菌肥料和复合（混合）微生物肥料等。

（7）叶面肥　通过叶面喷肥使叶片吸收养分的一种肥料。它的突出特点是针对性强，养分吸收运转快，可避免土壤对某些养分的固定作用，提高养分利用率，且施肥量少。主要有磷酸二氢钾、富硒增产剂和氨基酸叶面肥等。

320. 野菜的施肥方式有几种

（1）基肥　指定植前施的肥料，一般结合土壤深翻施入，供给野菜一茬或多茬生长所需要的肥料。基肥以有机肥为主，配合氮、磷、钾的施用，多为长效肥料，有堆肥、厩肥、饼肥等，对改良土壤，提高地力具有重要作用。

（2）追肥　是基肥的补充，是指播种或定植后施用的肥料。应根据不同野菜不同生长时期的需要特点，适时适量地分期追肥，以氮、钾元素为主，有时也追施磷肥。追肥的方法可以是条施、穴施、沟施等地面及叶面喷施。

基肥与追肥的合理施用，既能满足于野菜的短期急需，又能保证整个生长期的养分供给。但作为基肥的有机肥必须充分腐熟，而作为追肥的化肥不能直接接触根系，以免根系烧伤影响植株生长。

321. 如何合理施用基肥和追肥

（1）施肥的时间及部位不同　基肥一般是在野菜栽植以前施入的，故基肥可以翻入耕作层下面，也可以进行全层施肥；而追肥一般在栽植后、生长的过程中进行，故一般只能沟施、穴施，其深度较浅。

（2）施肥的方式和用量不同　基肥一般深施和全层施，而且要供给整个生长期，故一般用量较大，且一次性施入。追肥是根据各类野菜不同生长阶段对不同元素的要求追施不同种类的肥料，一次用量不大，但次数较多。

（3）基肥与追肥的肥料种类不同　由于基肥要供给整个或大半个生长期的营养，故基肥一般以迟效性、释放缓慢的有机肥为主，追肥是为了满足植株短期内某些元素的需要，故多为速效性的化肥。

322. 科学施用有机肥应注意什么问题

（1）有机肥所含养分不是万能的。

（2）有机肥分解较慢，肥效较迟。

（3）有机肥需经过发酵处理。

（4）有机肥的使用禁忌　腐熟的有机肥不宜与碱性肥料混用，若与碱性肥料混合，会造成氨的挥发，降低有机肥养分含量。有机肥含有较多的有机物，不宜与硝态氮肥混用。

323. 野菜不宜施用哪些化肥

有些化肥用于野菜后，可以提高品质与产量，但也有些化肥虽然施用于野菜能提高产量，却会使野菜产生污染，引起食菜者中毒，甚至危及生命。

硝酸铵和其他硝态氮肥一般不宜施用于野菜。因为硝态氮肥施入菜田后，会使野菜硝酸盐含量成倍增加，硝酸盐在人体中容易被还原成为亚硝酸盐，亚硝酸盐是一种剧毒品，对人体危害极大。

氯化铵、氯化钾等含有氯成分的化肥，不宜施用于根与地下茎类野菜。因为含氯肥料在土壤分解之后，铵和钾离子会被土壤吸附和被作物吸收，当氯浓度达到一定程度时，便会对植物根系产生毒害，它可使产品淀粉和糖的含量下降，影响产量和质量，严重的还会使作物出现死亡。

324. 野菜根外追肥注意事项有哪些

（1）肥料选择　根外追肥要选择溶解度较大的肥料，常用肥料有尿素、过磷酸钙、磷酸二氢钾、稀土、喷施宝、丰收素等。

（2）施用方法　一般采用喷雾施肥，将所选肥料加水，配制成肥液均匀地喷于叶片正反两面。

（3）使用浓度　根据品种选择适宜的浓度，尿素的适用浓度为0.2%～1.5%、过磷酸钙适用浓度为1%～3%、磷酸二氢钾适用浓度为0.2%～0.4%、稀土的适用浓度为0.01%～0.05%，喷施宝每亩每次用5毫升对水55千克，丰收素每亩每次用10～20毫升，对水60千克。

325. 设施栽培为什么多施有机肥

大棚等保护地野菜，比露地野菜单位面积施肥量大得多，且因无雨水淋湿，致使剩余的肥料大部分残留于土壤中，妨碍根系吸收养分或损伤根系，所以设施栽培野菜，应充分考虑前茬肥料的后效，多施有机肥，适当少施化肥，避免因盐类积聚而使作物受害，从而进一步发挥保护地野菜的优势。

326. 怎样在野菜保护地内施放二氧化碳

（1）通风换气法　这是调节二氧化碳浓度的常用方法，但效果较差，且在冬季及早春通风会引起保护地内温度降低，因此，只能采取人工补充二氧化碳的方法来增加保护地内二氧化碳浓度。

（2）有机肥料发酵法　各种作物秸秆、花生壳、粪肥等有机肥料通过微生物分解可以释放出二氧化碳气体，这种方法不仅原料易得，而且在冬季还有增温的效果。秸秆以细碎为好，最好用水掺和，促进腐烂，并每隔一定时间补充1次水，但是该法二氧化碳释放的有效时间比较集中，浓度不易控制。

（3）直接施用二氧化碳法　二氧化碳是很多工业生产的副产品，一般装在钢瓶内，可提前买来。施用时，将钢瓶放在保护地内打开瓶栓即可释放二氧化碳，但成本较高。还有固态二氧化碳（即干冰）可放入器内任其扩散，但有降温的副作用，而且价格较高。

（4）燃烧法　燃烧煤、石油液化气等可产生二氧化碳，同时也可提温，但燃烧中常伴有一氧化碳、二氧化硫等有害气体产生。

（5）沼气法　可在保护地内建沼气池，将产生的沼气引入棚室内接上沼气灶具或沼气灯燃烧，可达到增施二氧化碳目的，同时，也可以作为升温的一项措施，沼渣、沼液也可以用于野菜施肥。这种方法需要有大量人畜粪尿，一次性投入成本较高，且在冬季沼气池产量受外界温度影响较大，气温低时产沼气少，高时产沼气多，因此将沼气池建在温室最佳。

（6）化学反应法　常用方法是用硫酸和碳酸氢铵作用产生二氧化碳，副产品硫酸铵可作为氮肥施用。该法使用安全方便，一般在日出后半小时开始，将一定量的稀硫酸滴入密封塑料桶内与碳酸氢铵反应，产生的二氧化碳气体通过管道散发到保护地内。除阴天外，每天日出后施放1次，施放前必须将保护地密封，施放后封闭1～2小时，以利野菜充分进行光合作用。另外还有以碳酸钙作为基料，有机酸作为调理剂，无机酸为载体，在高温高压下挤压成直径1厘米左右的颗粒，施入土壤后遇湿，会缓慢释放出二氧化碳气体。

四、栽培技术

327. 种苋菜怎样作畦

苋菜一般采用直播种植，因种子极小，整地作畦工作应精细，才能使播后出好苗，选择地势平坦，排灌方便，杂草较少的地块，前作腾茬后，每亩撒施腐熟的优质圈肥1500千克，然后深翻两遍并细耙，做成平畦，畦宽1.2～1.5米，整平畦面待播。播种前先确定播种时间，苋菜生长期短，一般播种后25～40天即可收获。

328. 种苋菜如何播种

可据当地的气候条件，从4月下旬至8月上旬期间，分期排开播种，若用塑料大棚、小拱棚等保护设施栽培则播种期可提前，苋菜耐热性强，更适于夏季栽培，利用早熟栽培野菜的腾茬地块，于6月中旬至7月中旬分期播种，其生长快，采收早，可在8～9月野菜淡季供应。苋菜播种时，先把种子均匀撒在畦面上，播后不盖土，用耙子浅搂一遍，使种子与土壤混合，再踩实畦面，然后浇水，播种量可据栽培季节确定，如早春播种，每亩用种3～5千克；晚春播种的，每亩用种1千克。

329. 怎样进行苋菜田间管理

苋菜田间管理应主要做好肥水管理、病虫防治，适时采收等方面的工作。早春播种的出苗较晚，需7～12天，晚春及夏秋播种的苋菜，由于气温高，只需3～5天即可出苗，苋菜播种后至出苗期间，若天气干旱，要勤浇水，保持畦面湿润，在苋菜生育期内，除施用基肥外，还需要及时进行追肥，才能获得高产。当幼苗出现2片真叶时，进行第1次追肥，每亩施用硫酸铵10～15千克。10～20天后进行第2次追肥，肥料种类及数量同第1次追肥。每次采收后，都应及时追肥，并以追速效氮肥为好，每次追肥后均应浇水。早春播种的苋菜前期适当控水，后期则要求肥水充足。苋菜无论何时播种，在肥水充足的情况下，表现营养生长旺盛、茎叶肥嫩、品质也好。苋菜植株，生长健壮，一般较少发生病虫害，但有时发生白锈病，此病的症状是，叶面出现黄色病斑，叶背群生白色圆形隆起的孢子堆，俗称“白点”。防治此病要注意培育壮苗，加强田间管理。药剂防治可喷洒600～800倍多菌灵等药剂。苋菜是一次播种、分批采收的叶菜类。间拔收获和割收可结合进行。当植株高度达 15～18 厘米时，可间拔收获，将大棵和过于密集的苋菜先收获。植株高达 24 厘米左右时植株基部留茬 10 厘米左右。割收嫩梢上市。采收后为促进后茬苋菜的生长，及时进行追肥、浇水，加强管理，侧梢长出后，可再采收嫩梢 1～2 次。

330. 苋菜如何采种

目前栽培的苋菜，有绿苋、红苋、彩色苋等不同的品种类型，由于苋菜是典型的短日照作物，需在秋季开花结籽。可选用较纯正的苋菜品种春播，栽培管理与生产田相同。等植株长到 15～20 厘米高时，可结合间苗、定苗，间拔收获一部分植株，使株、行距各达到 30 厘米以上。也可以分两次间拔，使留下的植株生长健壮。每亩种子产量为 70～100 千克。种子极小，扁圆形，黑色有光泽，千粒重 0.5 克左右。

331. 薄荷长好需要什么条件

选土壤肥沃、地势平坦、排灌方便、阳光充足，2～3 年未种过薄荷的壤土或沙壤土。前茬收获后，施优质土杂肥、尿素、过磷酸钙、硫酸钾或三元复合肥及硼镁锌等复配微肥做基肥，耕耙整平后作畦，宽 1.5 米、高 15 厘米。

332. 怎样种好薄荷

从留种地挖起根茎，选色白、粗壮、节间短的，切成 10 厘米的小段，随即栽入预先挖好的深沟内。行距 25～30 厘米，株距 15 厘米，栽后覆细土。

当苗高 10 厘米时，要及时查苗补苗，保持株距 15 厘米左右。中耕除草 2～3 次，因薄荷根系集中于土层 15 厘米处，地下根状茎集中在土层 10 厘米处，故中耕宜浅不宜深，第 1 次收割后，再浅除 1 遍。追肥一般 4 次：第 1 次在出苗时，施粪水，促进幼苗生长；第 2 次在苗高 20～25 厘米，施三元复合肥，行间开沟深施，施后覆土；第 3 次在薄荷第 1 次收割后，施三元复合肥，最好浇施浓粪水，促使割后早发棵，以提高产量；第4次在苗高25～30厘米时，施三元复合肥，以满足植株需求。每次施肥后都要及时浇水，当7～8月出现高温干燥以及伏旱天气时，要及时灌溉抗旱，多雨季节，应及时排除田间积水。

333. 黄花菜的栽培技术要点是什么

（1）分株繁殖　选生长旺盛、花蕾多、品质佳、无病虫的植株，挖取株丛的1/3～1/4，按分蘖片，带根从短缩茎切分，剪去黄叶、根上的“根豆”与根颈部的黑须根，并将健壮的长条肉质根适当剪短，作为种苗。栽植前，将修剪的种苗进行消毒，晒至表面无水湿状，再进行栽植。

（2）分芽繁殖　在花蕾采摘完毕至冬苗萌发前的一段时间，把株丛挖出进行分芽。顶芽沙培法，用刀切下根状茎上的顶芽，埋入细沙苗床上，保持湿润，温度在20℃左右，7天后出苗。不带顶芽的根状茎可采用横切结合法。先从根状茎二列的“隐芽”连线的中间垂直方向，自上向下纵切成两片，再按照根状茎逐年向下延伸留下的缢痕分别横切数段，进行沙培。

（3）田间管理　小黄花菜喜湿润，干旱或渍水对黄花菜植株生长和花蕾形成都十分不利，要保持园地湿润。新植株移栽期，需维持土壤持水量70％～80％，干旱时应及时浇水。遇上久雨不晴天气，畦沟的积水，要注意及时排除。于冬季干旱季节，要用稻草、幼嫩秸秆或杂草覆盖，以减少土壤水分蒸发，保护根芽安全越冬。

334. 菊芋有什么特性

菊芋的适应性强，生命力旺盛，在温暖较干旱的环境里生长良好，较耐寒、耐旱，很容易发芽生长；块茎在6℃～7℃萌动发芽，8℃～10℃出苗，幼苗能耐1℃～2℃的低温，18℃～22℃和日照12小时有利于块茎形成，块茎无周皮，不耐贮藏，耐寒耐旱，块茎在－25℃～－30℃的冻土层中能安全越冬，在沙质土壤中的产量较高，属短日照作物，忌炎热，一般不需浇灌，对土壤要求不严，以沙质壤土为宜，瘠薄、荒地、盐碱地和新垦地均可栽培。

335. 怎样种植菊芋

（1）选地整地　年前秋作采收后整地，施土杂粪，撒施70%，播种时集中沟施30%，施硫酸钾，深耕30厘米，耕后整平作畦以备播种。

（2）繁殖方法　一般收后可以就地直接播种，播种时要选择大小适中的块茎做种，以块茎重50克左右做种较适宜，行距70厘米、株距40厘米，过稀产量低，过密易倒伏。播种要先开沟，一般沟深6厘米，将种块芽朝上摆在沟里，芽上覆土4厘米，然后将畦整平以便于浇水。菊芋第1年播种，收获后有块茎残留在土中，第2年可以不用再播种，但是为创高产，要求植株分布均匀，所以过密的地方要疏苗，缺株的地方要补栽。另外要注意轮作换茬，以防连作引起病害。

（3）田间管理　春天出苗以后或雨后及时中耕除草，结合中耕，进行培土。菊芋的苗期、拔节期、现蕾期和块茎膨大期是浇水的4个关键时期，一般4月中旬浇出苗水，5月下旬浇拔节水，7月中旬浇现蕾水，9月中旬浇块茎膨大水。在施足基肥的基础上，菊芋的生长期应追肥两次。第1次在5月下旬左右，追尿素，促使幼苗健壮多发新枝，第2次在现蕾初期，追硫酸钾，追后浇水。在块茎膨大期要摘花摘蕾，促使块茎膨大。

336. 山韭菜直播与育苗移栽在播种方法上有什么区别

（1）种子繁殖　种子繁殖系数大，植株生长旺盛，生活力强，用种子繁殖可选用育苗移栽和直播两种方式，直播可节省劳动力，但用种量大，用地面积大，占地时间长，如果苗期管理不当，易发生草荒，在地下害虫严重的地区，容易出现缺苗断垄现象。育苗移栽可节省土地，培育壮苗，由于选苗定植、栽植密度一致，行株分明，便于田间管理，但较费工。

（2）育苗繁殖　育苗基质可选用珍珠岩和蛭石，按1∶1的比例混合均匀，装入育苗盘，使之距上口1厘米，将种子均匀撒入盘中，覆蛭石，浇透水，保持湿润，10天左右出苗。当苗长至5厘米时进行分苗，挖出幼苗，去掉珍珠岩，将其移入育苗钵中。营养土可用，田土、腐熟积肥、河沙按3∶3∶1的比例配制，当苗高10厘米时移入栽培田，进行正常的中耕管理。直播繁殖，畦面按10厘米开播种沟，沟底宽5厘米，种子可催芽后撒播，也可播干种子。将种子播沟内，覆盖1厘米厚的细沙土，稍压实，喷水浇透，再覆盖地膜，经7天左右即可出苗。出苗后揭开地膜，床土较干时及时喷水，苗高10厘米时就可移栽。

337. 山韭菜定植后如何管理

移栽的整地施肥要求与育苗床相同，做成宽1.2米的畦，畦面按行距20厘米开沟，按株距10厘米挖穴，将种苗栽在穴内，每穴栽8～10株，移栽缓苗后适时浇水施肥，当苗高25厘米时即可采收。收割后的茬地应晾晒1～2天，再浇水施肥，促进新根、叶生长。山韭菜不耐炎热，气温高于25℃时即开始休眠，此时要遮阴挡雨，及时排涝，以防烂根。在封冻前应浇封冻水，在畦面上覆盖杂草，翌年春季山韭菜返青前要清理园田，浇返青肥水，使之正常进入第2年的生长过程。山韭菜收割后，待伤口愈合，新叶长出3～4厘米高时进行追肥，切忌收获后立即追肥以免造成肥害。

338. 怎样防治山韭菜的病虫害

（1）病害防治　主要病害有灰霉病、紫斑病、疫病。防治时采用轮作，收割后及时清除病残体，携出田外深埋，施足有机肥，培育壮苗，提高作物的抗病性。合理密植，注意通风，尽量保温降低湿度，使叶面不结露水。选用无病种子，并进行种子消毒。灰霉病药剂防治可在发病初期用速克灵、扑海因、农利灵、灰霉灵或百菌清可湿性粉剂喷雾，每7～10天喷1次，连续2～4次，上述药剂必须交替使用。紫斑病发病初期可喷洒百菌清可湿性粉剂、代森锰锌可湿性粉剂、灭菌丹可湿性粉剂、杀毒矾可湿性粉剂或甲霜灵锰锌可湿性粉剂，每7天喷1次，连续3～4次。

疫病防治应加强管理，避免积水，防止倒伏，生长过旺者可剪叶，后期应及时追肥灌水，促进植株生长健壮，提高抗病力。小垄栽培、棚室栽培时，要控制浇水量，浇水后及时排湿，土壤湿度过大时，可松土排湿，与非葱蒜类、茄类野菜施行2～3年轮作，药剂防治在发病初期用甲霜灵锰锌可湿性粉剂、甲霜灵可湿性粉剂、乙磷铝可湿性粉剂、杀毒矾可湿性粉剂或普力克水剂喷雾，叶可用甲霜灵可湿性粉剂或硫酸铜灌根。

(2) 虫害防治　主要虫害有葱须鳞蛾、葱斑潜蝇、根蛆、葱蓟马。葱须鳞蛾在成虫盛发期喷洒灭杀毙，在幼虫为害期喷洒辛硫磷乳油、菜蝇杀乳油或多灭威，在收割前半个月停止用药。

339. 怎样进行桔梗的种子繁殖

播前用温水浸种催芽，待种子有1/3裂口时，即可播种，将种子和细沙均匀拌和后播在沟内，播后覆土，土厚0.3～0.5厘米，稍镇压。播种时要求土壤湿润，上覆盖一层稻草或树叶，然后喷水保湿，15～20天后出苗。苗高1.5厘米时间苗，苗高3厘米时按株距3～4厘米定苗。第2年春季移栽，按行距15～20厘米开横沟，沟深20厘米，按株距5～7厘米，将主根垂直栽入沟内，不要损伤须根，以免分叉，影响质量。栽后覆土压实，使根系舒展，覆土应超过根基1～2厘米。

340. 怎样进行桔梗的扦插繁殖

选择蛭石和细沙做基质，按1∶1混合，做插床，用高锰酸钾水消毒，材料选多年生桔梗从地里发出的当年生枝条，插条长约10厘米，去掉一些叶片，插入基质约5厘米。插后及时浇透水，以后经常喷水保湿，不宜过湿，以防插条腐烂。适当遮阴，不宜盖膜，取材部位以茎的中下部为佳，特别是基部成活率高。

341. 怎样进行桔梗的芽头扦插繁殖

在秋后采收季节，桔梗已长出第2年生长的芽头，采收后用剪子从芽尖肉质部位向下3厘米左右的地方剪下留做种用，先放在沙土里埋好，待封冻前或第2年春季栽种。在翻好的地块上，施足底肥，按30厘米的行距开出10厘米深的沟，把芽头按株距20厘米放在沟内，多芽头的可用剪子顺体方向剪开分成多头，再栽种，然后盖好腐殖土。忌用化肥，以免影响芽头萌发造成腐烂。搂平田面，稍干后镇压。第2年秋季采收。此法既高产，又可提早收获。

342. 怎样进行桔梗的组织培养

培养基配方：

（1）茎段腋芽诱导培养基MS＋6—BA 2.0毫克/升＋NAA 0.2毫克/升；

（2）愈伤组织诱导培养基MS＋6—BA 1.0毫克/升＋IAA 0.5毫克/升；

（3）丛生芽繁殖培养基MS＋6—BA 0.3毫克/升＋IAA 0.1毫克/升；

（4）生根培养基1/2MS＋IAA 0.5毫克/升＋ABT 0.1毫克/升。

培养温度26℃，光照度2000～2500勒克斯，光照时数12小时/天。将顶芽、带腋芽茎段及上部幼叶作为外植体材料，在自来水下冲洗5～8分钟，用70%乙醇浸泡20秒，再用0.1%的升汞溶液灭菌6分钟，用无菌水冲洗4～5次。将顶芽和分切的带腋芽茎段接种到培养基（1）上，7天后，顶芽、腋芽开始伸长或萌动，基部渐形成黄绿色愈伤组织，21～28天芽基部分化出多重丛生芽。将幼叶片切成1～2厘米方块接种到分化培养基（2）上，8天后叶片边缘开始膨大产生小突起，21天后愈伤组织发生率近80%，28天后形成丛生不定芽。将培养基（1）、（2）中的丛芽或新生芽切段，转入增殖培养基（3）中作继代培养，21～28天可继续分化成丛生芽。将增殖培养基（3）中长至2～3厘米高的健壮苗分别转到生根培养基（4）上诱导生根，10天内开始生根，21天时生根率达83%，根呈浅绿色并有多条侧根。

将生根后的健壮苗瓶口打开，在实验室散射光下炼苗2～3

天后，冲洗干净根部培养基栽入灭过菌的蛭石中驯化炼苗，在炼苗室内处于遮阴、喷雾保湿，每7天喷2次1/2MS营养液，成活率在90%左右，21～28天后移栽入装有混合土（草炭、泥炭、园土各1份）的营养钵中或在富营养土上直接栽培。

343. 怎样进行桔梗的田间管理

播畦应及时间苗，以免幼苗生长过密，纤细柔弱，于苗高5～6厘米和10～12厘米时，各间苗1次，并追肥1次，保持株距10～12厘米，随间除草、松土。成株后，抗旱能力增强，但怕水涝，积水必须及时排出，并打芽、摘蕾、除花。留种的植株，可于6月上旬剪去侧枝芽和顶端部分花序，以集中养分促使上中部果实成熟。桔梗花期长，果熟期不一致，在9～10月相继成熟，应分3～4次采收，栽培桔梗2～3年即可收获。

344. 怎样进行桔梗的病虫害防治

（1）主要病害　有斑枯病、黑腐病、轮纹病、紫纹羽病、炭疽病和根腐病。栽植前用五氯硝基苯进行土壤消毒，幼苗出土前喷退菌特预防发病。发病初期可选用可杀得可湿性粉剂、甲基托布津、多菌灵喷洒2～3次，及时拔除病株。

（2）主要虫害　有红蜘蛛、蚜虫和地老虎。在红蜘蛛发生初期可选用阿维菌素、螨死净、三锉锡、速螨酮。蚜虫在发生初期，可选用吡虫啉、氧化乐果、阿维菌素。地老虎可在早晨人工捕杀或用硫丹和细土搅拌后撒在植株附近，也可用豆饼或麦麸和敌百虫，加水拌匀做毒饵，洒在植株附近杀死幼虫。

345. 怎样进行蕨的孢子繁殖

首先要收集孢子，7～8月当孢子囊开始成熟期，选择外观棕褐色未裂开的孢子囊群，剪下带孢子的叶片放入干净光滑的纸袋中，密封折叠风干（密生于成熟叶片背面，沿边缘生成粉状的即是孢子，在显微镜下是一些褐色轮状的球体），经1～2天，大部分孢子弹射在纸袋中，然后打开纸袋，将孢子取出，备用。取腐熟菜园土加河沙、草皮土拌匀过筛，用蒸气灭菌30分钟，pH值以 6～6.5 为宜，土壤湿度 95%左右。播种时将处理过的孢子放入盛水的喷壶中，摇匀后，喷在以上营养土中，不必盖土，用薄膜覆盖，遮阴，保持 20℃左右。40 天后孢子形成呈淡绿色匙形或扇形的原叶体，保持每天光照 4 小时，长至 5 毫米高时，精子器和颈卵器便开始形成，这时每天都要喷水两次，连续 7 天，精子借水游出来与卵结合成胚，7 天后发育成孢子体小植株。当叶片长至 5 厘米，生长出第三片叶片时，进行移栽，按 4 厘米×4 厘米的株距进行移栽，保持土壤湿润，进行遮阴，第 2 年开始旺盛生长。种植 1 次可生长 10 年。孢子处理时，可将发育成熟的孢子，用 300 毫克/千克赤霉素处理 5 分钟，促进孢子萌发。

346. 怎样进行辽东楤木的种子繁殖

将种子用 40℃温水浸泡 24 小时后，捞出，用沙混合拌匀，置于 8℃中处理 30 天，把温度调整为 13℃。处理期间，要保持沙子湿润，每隔 7 天翻动 1 次，当种子出现裂口达 1/3 即可播种。播种用的育苗土可用珍珠岩和蛭石按 1∶1 混合均匀，装入育苗盘，在其距上口 1 厘米处刮平，将种子用 5 倍细沙混合播种，覆蛭石 1 厘米，浇透水，保持湿润，10 天左右即可出苗。秋播时应将种子放入配制好的 200 毫克/升的赤霉素溶液中，药浸 40 分钟，采用平畦播种的方法，在畦内开出浅沟，然后将种子均匀播入沟内，播后覆 0.3 厘米的盖土，萌芽率可达 72%；也可将种子用温水浸种 6 小时，在 1 米宽的平畦按 20 厘米的行距，开 5 厘米深的条状播种沟，然后将浸过的种子均匀播在沟内，覆 1 厘米的盖土。在翌年受早春外界一冻一化的温度影响，使种子很快通过休眠，迅速萌发，萌发率可达 98%。当苗高 2 厘米时进行分苗，分苗盘土按田土、腐熟积肥、河沙 3∶3∶1 的比例，混合均匀，装入分苗盘，装满刮平，每钵 1 株。栽植时先去掉苗根系上的珍珠岩和蛭石，用尖筷子夹住根尖，插入土壤，扶正植株，根部稍压实，浇透水，放阴凉处缓苗 1～2 天或加遮阴网即可。苗高 3～4 厘米时移入栽培地块，每穴 1 株移栽，施基肥，当幼苗进入 3 叶期时除草，促进幼苗生长。

347. 怎样进行辽东楤木分株繁殖

辽东楤木的根水平生长，肉质发达，地上植株被砍去后，有很强的萌蘖能力，利用这一特性在春季萌芽前，将植株周围的根切断或者在植株周围20厘米处把根切断，移走植株，自然就萌发一些新植株，可长出8～10倍的新植株，原植株次年还可移植，这种方法繁殖成活率高。

348. 怎样进行辽东楤木扦插繁殖

挖取辽东楤木的根条，剪成15厘米长的小段，斜插在苗床里，株距15～20厘米，扦插后覆盖塑料薄膜保湿，30～40天开始萌芽，到当年秋季株高可达50厘米以上。

349. 怎样进行辽东楤木组织培养

取辽东楤木幼芽部位的叶柄作为外植体，用70%的乙醇浸泡30秒，然后用0.1%氯化汞溶液灭菌5分钟，无菌水漂洗3～4次后，用无菌滤纸吸取表面水分，在无菌条件下，将幼芽叶柄切成3～4毫米的切段，接种在MS培养基上，培养基中加入2%蔗糖、300毫克/毫升水解蛋白酶、0.7%的琼脂，诱导愈伤组织添加2，4－D 0.5～1毫克/升；增殖时，添加2，4－D 1.0毫克/升和6－BA 0.1毫克/升；诱导生根时，添加淀粉15毫克/升、琼脂6克/升和0.2%活性炭。培养温度为25℃，光照1500勒克斯，每日光照12～16小时，外植体接种在诱导培养基上，5～7天后，在切口处开始膨大，形成愈伤组织。经35～57天的培养，其颜色转为淡黄色或灰绿色，质地致密。将该愈伤组织切成小块转入增殖培养基上，逐渐增大，再经14～28天培养，继续增重达4～10克。再将充分分化出瘤状块割成小块转入生根培养基上，培养14～21天，分化出丛生绿芽，并形成大量的白色根系。在培养过程中，常可见到一块愈伤组织上同时长有许多带芽的球状体，外表光滑呈嫩绿色，在增殖过程中，出现了球形、心形和子叶形芽头等各发育阶段的胚状体。当小绿芽长到1～2厘米时，在无菌条件下，用解剖刀和弯头挑针将长满小绿芽的愈伤组织轻轻一挑，或小心切割，分散转移到生根培养基上，经过14～15天的培养，其增殖块重由初期3～4克增殖到10克以上，再经21～30天可增殖到原先的1.5～3.0倍。培养时，每30天继代1次，均能保持旺盛的生活力和分化能力，继代培养20～30天，胚状体50克团块可切割成10个芽块，进行下一次继代培养，1年内可获得1000多块，每块成苗10株。愈伤组织的增殖与保存，必须附加适量的6—BA，其增殖生产率达85％～90％；生根诱导及胚状体的增殖和继代培养，用不加任何激素的MS加淀粉的基本培养基，其绿苗分化率为95％以上。当幼苗植株高至3～5厘米时，从培养基中取出，洗去琼脂，栽入灭菌的蛭石中，罩塑料薄膜保温保湿，7～8天后，逐渐通风，炼苗4～5天，移入露地苗床栽培。苗床可选排水良好的耕地，深翻20厘米，耙平做1米宽的畦，在畦内开小浅沟，沟心距地表20～25厘米，然后将小苗移入。要求土壤湿润，随时除草、松土，成株后，抗旱能力增强，但怕水涝，积水必须及时排出。

350. 怎样进行辽东楤木促成栽培

剪取露天培育的枝条，于温室内培育嫩芽，可调剂淡季市场。辽东楤木有深休眠的特性，如果采回的枝条冬季低温休眠时间不够，即使温湿度适宜也不易萌发，需采用50毫克/升赤霉素处理15～20小时。

（1）水插法　冬季剪取枝条插于水罐中，放于20℃～30℃的温室或居室窗台上，7天左右换1次水，经40天左右可收获。

（2）温床法　在温室内用锯末做成温床，将枝条排插于床上，灌足水，罩上塑料薄膜保温保湿。床内温度白天20℃～30℃，夜晚10℃～15℃，30～40天可收获。为了防止床内生霉，可用多菌灵400～500倍液处理温床。

351. 怎样进行辽东楤木露地栽培

于春季萌芽前进行起苗移栽，宜带土坨，栽植前应提早深翻土地，施足基肥，按株距 0.7～0.9 米定植。栽植当年不宜采收，第 2 年可采收嫩芽。收获后要及时修剪，距地面 20～25 厘米处将枝干剪去。4～5 年后植株的长势下降，要将老株四周的根切断，促成根萌蘖产生新的幼根。采收结束后，将老株的贴地部分砍掉。

352. 怎样进行辽东楤木的采收

春季当顶芽长至 10～15 厘米，叶片尚未展开时掰下，采收过早产量低，过晚品质差。辽东楤木的顶端优势很强，顶部主芽最先萌发，抑制两侧副芽及下部的侧芽萌发。顶部主芽采后，顶部的副芽或下部的侧芽开始萌发。因此，在生育期较长的地区，还可采 1～2 次副芽或侧芽，由于品质不如顶端主芽，最好只采顶端主芽，使侧芽长成枝条，以供树体生长和翌年采收嫩叶芽。嫩叶芽可鲜食或盐渍，鲜食可用沸水焯一下，再用清水浸泡片刻，即可炒食、做汤、蘸酱或用盐渍，其质地脆嫩甘香，风味独特。

353. 怎样进行蒲公英的移根栽种

可在上一年秋季采挖蒲公英的宿根，去掉叶片，保留心叶，在阴凉处沙土保存，在元旦前一个月移入阳光充足、温度适宜的条件下，就可在节日上市。栽植前要整地施肥，耕翻平整，做宽 1.2 米的高畦，按行距 15 厘米开沟，株距 10 厘米定植。栽的深度以短缩茎露出土表为好，再覆土压实，浇透水，随后覆盖地膜，畦上温度保持 16℃左右，并保持土壤湿润，经 3～5 天即可出苗。出苗后揭开地膜，松土促生根，土壤干燥时随时浇水，25 天左右即可上市。

354. 怎样进行蹄叶橐吾的育苗繁殖

育苗前将处理的种子用水浸泡 1～2 小时，捞出晾干水分，待种子能自然散开即可育苗。露地育苗宜在 4 月中旬进行，室内育苗可提前 1 个月，将种子拌 3 倍量细沙后均匀撒在育苗床上，再盖上筛过的腐殖土，覆土厚度 1～2 厘米，用木板轻轻镇压，上盖一层稻草帘，保持苗床湿润，10天左右出苗，出苗后撤去稻草帘，光线过强时注意遮阴。在幼苗长出2～3片真叶时即可移栽，株行距20厘米，两行之间交错栽植，每穴1株，浇足水，水渗透后稍覆土，移栽成活率在95%以上。栽培2年以上的蹄叶橐吾在春秋季即可进行分株繁殖。

355. 怎样进行刺五加的扦插繁殖

在6～7月高温多湿季节，剪取健壮枝条，截长15厘米左右、具2～5个芽的插条，按行距15厘米、株距8厘米，将插条斜插入苗床土中，入土为插条的2/3，浇水后用塑料薄膜覆盖，保温保湿。半个月左右生根，逐渐去掉薄膜，并搭遮阴棚，在林下可盖一层落叶，15～20天即可生根成活，生长1年后移栽。

356. 怎样进行大叶芹的根茎繁殖

春季4月初至5月中旬，将野生大叶芹母根挖出，最好带一些根际土壤，将采集回的种苗株丛用手掰开，每蔸3～5株，即可栽植，栽植前将土壤深翻30厘米左右，耙细，施足底肥（最好是腐熟的农家肥），采用垄栽或畦栽，垄栽株行距10厘米×30厘米，畦栽10厘米×10厘米，深度以根茎埋于地下0.5厘米为度，因早春的气温和地温都比较低，不利于大叶芹缓苗，定植浇水后应架小拱棚，以保温保湿。缓苗后适当通风降温、降湿，气温稳定在15℃以上时即可撤棚，进行中耕松土，中耕7天后可追肥浇水，栽植后50～60天即转入生殖生长，应在茎叶未硬化时及时采收。

357. 怎样进行大叶芹的种子繁殖

春季播种，大叶芹种子小，种皮厚，发芽率低，为了提高发芽率，在进行春播前，可用35～40毫克/千克的赤霉素浸种2小时，洗净后在20℃条件下催芽，种子露白时即可播种，幼苗出土后采取控制温湿度、逐渐增加光照的管理措施，经两个月后幼株分化3～5片叶、株高10厘米时，即可达到定植标准。

秋季播种，可在收获后9月末至10月初播种，按行距25厘米条播，开沟深2～3厘米将种子均匀播入土中，覆盖1厘米左右的细土并踩实。此时土壤田间持水量控制在60%左右，然后用草帘覆盖在苗床上保湿，第2年受早春一冻一化的温度影响，使种子很快通过休眠阶段而迅速萌发，大叶芹种子萌发率可达90%。

358. 怎样进行大叶芹的组织培养

从健壮植株上取幼嫩的叶片，用自来水冲洗数遍，洗去表面污染物，用滤纸吸干，放入70%的乙醇中，漂洗30秒钟，然后用0.1%升汞溶液消毒2分钟，再用无菌水冲洗4～6次，在无菌条件下，将叶片切成5毫米左右的小块，接种在培养基上。选MS为基本培养基，附加6－BA，蔗糖浓度为3%、琼脂为0.7%、水解酪蛋白200毫克/升、肌醇200毫克/升，pH值为5.8，在25℃恒温暗处培养。接种3天叶表面膨大，卷曲的叶片开始松开，并逐渐增厚，15天后切口处出现肉眼可见的黄色瘤状物，即愈伤组织。愈伤组织发生后，转入1500勒克司光照下继续培养，每天光照10小时，相对湿度为75%～85%，20天后瘤状物增多，并逐渐变红，经继代培养后部分呈绿色，其余则呈肉黄色，愈伤组织转入分化培养基上，诱导分化的基本培养基MS，附加6－BA为2.0毫克/升、IAA0.01毫克/升，20天后，便可见到不定芽从叶片愈伤组织上分化出来，开始仅1～2个芽，以后陆续产生，形成丛芽，再经15天后即可长出幼苗。根的诱导培养基为1/2MS，附加NAA 1毫克/升，大约15天，根从基部生出，生根率为90%以上，至此，完整植株已培养出来。当分化的小苗长至3厘米时，即可移出。移栽前先打开瓶口炼苗2～3天，然后洗净根部培养基，移入珍珠岩和蛭石混合的育苗盘中，栽后7～10天，要用塑料薄膜覆盖，以免过分失水，待小苗长出新叶后再移到栽培田，进行正常管理。

359. 怎样进行大叶芹的田间管理

露地栽培大叶芹应选择郁闭度在0.6左右，土壤潮湿，空气湿度大的地方，6月上中旬移栽幼苗定植，每穴栽植3～4株，因大叶芹在较低温度条件下可生长发育，利用保护地栽培可提早上市。大叶芹定植缓苗后，要及时拔除杂草。雨后或浇水后要及时松土，防止板结，保持疏松的根系环境。大雨过后，要及时排水防止沤根死苗。大叶芹喜欢阴湿的环境条件，因此人工种植大叶芹应保持畦面湿润，干旱天气要及时浇水，促进根系和植株生长。高温对大叶芹有明显的抑制作用，在 7～8 月应采取遮阴措施，可在栽培大叶芹的畦边稀植豆角、黄瓜等作物，遮挡部分光照。到秋季地上部分枯萎时，需将地上部残株齐土面割掉，并清理干净，及时在行间松土，并增施充分腐熟有机肥。

360. 怎样进行水芹母茎培育

越夏的母茎休眠芽必须在 25℃以下才能萌发。早水芹于立秋排种，此时气温较高，为使休眠芽提早萌发，宜先催芽，即从留种田拔起侧芽饱满的母茎捆扎成小束，交叉堆放在阴凉通风处(树阴下或房屋北面)，上面盖一层稻草或带叶树枝，日盖夜揭，早晚浇凉水，保持凉爽湿润，定期翻堆，防止腐烂。10 天左右各节开始生根发芽，即可排种。排种前，先放干田水，将粗壮的母茎排在大田四周，母茎基部朝外，梢头朝里，将细长的母茎切成长 10～15 厘米的小段，均匀地撒于田块中央。排种后 7～10 天开始萌芽，半个月后开始发叶生根，1 个月后苗高可达 12～15 厘米，这时应结合除草进行匀苗移栽。方法是将田间秧苗全部拔起，边拔边栽，每 3～4 株为 1 穴，穴距 12～15 厘米见方，每 2 米中间留 25 厘米宽人行道，以便施肥和除草。大田栽培可从良种田中选挖健壮的种株，以 3～4 根为一簇，栽插水田中，栽种穴行距 15 厘米。栽前，养种地应施足基肥，犁耙平整，保持浅水层 2～3 厘米，并定期换水。根据苗情结合除草施入腐熟人畜粪，此时追肥一定要适度，为防植株生长旺盛引起倒伏，植株过密，要适当疏苗。

361. 水蒿的繁殖方法有哪些

水蒿的繁殖方法一般有 5 种，即种子繁殖、扦插繁殖、地下茎繁殖、分株繁殖、茎秆压条繁殖，用得最多的是扦插繁殖。

362. 怎样进行水蒿的分株繁殖

水蒿具有发达的根系，成活率高，生长迅速，缺点是分株苗体积大，又易干瘪，运输不方便。

5月上中旬，在留种田块离地高10厘米左右剪去地上茎，然后将植株连根挖起，在筑好的畦面上，按行距40～50厘米、株距35～40厘米，每穴栽种1～2株，栽后踏紧，浇透水，经5～7天即可发新芽。

363. 怎样进行水蒿的茎秆压条繁殖

每年7～8月，将半木质化的茎秆齐地面砍下，截去顶端嫩梢，在筑好的畦面上，按行距35～40厘米，开深5～7厘米的沟，将水蒿茎秆横栽于沟中，头尾相连，然后覆土，踏紧浇水，经常保持土壤湿润，以利促进生根和活棵。

364. 怎样进行水蒿的扦插繁殖

该方法是水蒿的主要繁殖方法，优点是取材容易，操作简单，不用育苗，不易发生变异，能够保持母株的优良性状和特性，成苗快，结果较早，但不能用于大面积生产。

插条标准，每年6月下旬至8月初，从当年未收割、无病虫、生长健壮的植株上剪取粗1厘米以上、木质化或半木质化的枝条，截去顶端嫩梢，摘除中下部叶片，截成20厘米长小段，每段插条顶端至少要有1～2个饱满芽，再将插条下端靠节剪平、上端距最上一芽剪成斜面，以免积聚雨水，引起腐烂。

在筑好的畦面上按行距10厘米开沟，沟深同插条长度，将插条相距3～5厘米排列在沟内的一侧，边排边封土，最后只让插条顶端一芽露出土面，然后踏紧压实，浇透水，扦插后，应保持土面湿润，经10天左右即可生根发芽。

365. 怎样进行水蒿的地下茎繁殖

该法同扦插繁殖基本相同，即利用分株后留下的地下茎来繁殖。地下茎挖出后，去掉老茎、老根，从中挑选优良的地下茎，切成有 2～3 个节的一段，以利节上萌发新根和新株。按株行距开穴，每穴放入 1～3 段，然后盖土并压紧；也可在筑好的畦面上每隔 10 厘米距离开浅沟，将每小段根茎平放在沟内，覆薄土，浇足水，四季均可进行。

366. 怎样进行水蒿的种子繁殖

该方法可就地培育大量种苗，适合大规模生产，幼苗生长势强，定植后缓苗快、成活率高，只是进入盛产期比分株繁殖要长。应选择地势平坦、土壤肥沃、排灌方便、无病虫害的地块作苗床，畦宽为 1 米，冬耕或播种前整地时施入堆肥或饼肥。播种前，种子用水选，选出充实的种子，装入干净的布袋，放温水中浸泡 4 小时，然后放在保温性好的瓦盆中，进行催芽，每 3 小时翻动 1 次，并用清水淘洗，当有 2/3 的种子发芽时，即可播种。

将种子与细土（种子量的 3～4 倍）拌匀后直接播种，覆土 1 厘米，镇压后浇透水，覆盖塑料薄膜，7 天后出苗。幼苗出真叶后，要及时间苗，结合间苗拔除杂草，40 天左右，苗高 10～15 厘米时，即可定植。

367. 怎样进行苣荬菜的移根繁殖

于 4 月初，当野生的苣荬菜芽刚出土时，刨其根茎，按匍匐茎上菜芽的分布，截成 5～10 厘米的短节以待栽植。按行距 15 厘米、深 10 厘米左右开沟，以株距 5 厘米左右将苣荬菜根茎依次摆放在栽培沟内，使根茎舒展，菜芽向上，覆土，浇定根水。采集的根茎要及时栽植，来不及栽植的应放于湿土中假植。

368. 怎样进行马齿苋的扦插繁殖

马齿苋的茎生根能力很强，一旦和土壤接触就可生根，在春夏生长季节，采集马齿苋的嫩茎扦插，长度 5～10 厘米即可，按照 10 厘米、15 厘米的株行距扦插于田内，插后浇水，保持一定的湿度，在光照较强的季节应适当进行遮阴，以减少蒸腾促进缓苗。在适宜的条件下，一般 7 天左右即可长出新根，旺盛生长。

369. 荠菜有哪些优良品种

荠菜原产我国，各地均有野生。荠菜以叶丛供食用，气味清香，营养丰富，可炒食、做馅、煮汤。当前生产上栽培的荠菜，有板叶荠菜和花叶荠菜等品种。

（1）板叶荠菜　又名大叶荠菜。叶片大而肥厚，塌地生长，成株有叶 18 片左右。叶淡绿色，叶缘羽状缺刻，叶面稍带茸毛，感受低温后叶色转深。板叶荠菜抗寒性及耐热性均较强，生长较快，早熟，生长期 40 天左右。由于板叶荠菜叶片宽大，外观较好，颇受市场欢迎。但冬性较弱，春季栽培抽薹开花较早，供应上受到一定限制。

（2）花叶荠菜　又名小叶荠菜或碎叶荠菜。叶片窄，短小，塌地生长，成株有叶 20 片左右。叶绿色，叶缘羽状深裂，叶面茸毛较多。感受低温后，叶色加深并带紫色。花叶荠菜抗寒性较板叶荠菜稍弱，而耐热性及抗旱性较强，冬性也较强，春季栽培抽薹迟。生长期 40 天左右，适于春季栽培。叶片柔嫩，纤维少，香味较浓。

370. 薄荷有哪些优良品种

（1）青茎圆叶种　植株的茎上部呈青色，叶短卵圆形有光泽、株矮、分支多，含脑量达 80％左右。在肥沃土地上种植，它的高产特性愈为明显，是栽培中的优良品种之一。

（2）紫茎紫脉种　植株茎深紫色，叶长圆形，锯齿尖而密，分支较少。产量比青茎圆叶种略低，但油的含脑量高出 2％～5％。由于经多年栽培的优良品种退化，近年来各地科研单位也相继培育出一些新的优良品种，如上海香料工业科学研究所培育出高产油脑品种 738 薄荷，其分支多，节间短，叶大、腺鳞分布较密，鲜草得油率 0.3％～0.51％，每 667 平方米产油量为 9.75～15.22 千克，含脑量为 80.13％～87.6％。江苏新曹天然香料研究所也培育出 738 新品种，自 1979 年 10 月通过鉴定后立即繁殖推广种植，1982—1984 年已推广到江苏、安徽、江西、浙江、福建、山东、上海等省、市和地区。此外，还有“409”等新培育出来的良种，在生产上都表现不错。

薄荷的叶片上生有油腺，分布在上、下表皮，以下表皮为多，是贮藏挥发油的地方。叶片上油腺的密度，关系到含量的高低。所以，在薄荷品种的选育过程中，叶片上油腺的多少和密度，是选择优良品种的重要依据之一。

371. 薄荷怎样种植与管理

(1) 选好地，施足基肥　选地势平坦，排灌方便，阳光充足的地方，土壤以肥沃疏松的沙质壤土或壤土为宜，连作地不宜种植，耕地前施足基肥，每667平方米施腐熟有机肥2000～2500千克（或栽种时施于种植沟内），施后耕翻土地，耙细整平作畦，畦宽1.3～1.6米，高15～20厘米，畦沟宽30～40厘米。

(2) 薄荷栽种时要选用优质良种　根状茎要随挖随栽，挖出地下根状茎后，选色白、粗壮、节间短的切成长约10厘米的小段，然后在畦上按行距25～30厘米开沟、深10厘米左右，把根状茎小段按株距15～18厘米均匀栽入沟内，每亩需种根80～100千克。耕地时没有施基肥的，栽种时可先把基肥施于种植沟内，后再下种覆土并稍加镇压，肥料可用人畜粪尿每亩1000千克，或尿素8千克加过磷酸钙50千克和硫酸钾10千克，或饼肥100千克，加磷酸二铵20千克。

(3) 科学管理　包括查苗补苗、除杂去劣、合理施肥。此外，根据薄荷的生长情况，还可进行根外喷施氮、磷、钾肥。

372. 如何掌握薄荷的适收期

薄荷的采收期应掌握在植株生长最旺盛时或开花初期，含油量最高时采收，因各地气候条件的不同，植株生长发育也不同，采收期也有一定差异。把收割的薄荷摊晒两天，注意翻晒，稍干后将其扎成小把，扎时茎要对齐，然后铡去叶下3～5厘米的无叶梗子，再晒干或阴干。亦可将薄荷茎叶晒至半干，放入蒸馏锅内蒸馏薄荷油，再精制成薄荷液。薄荷以色深绿、叶多、气味浓、不带根者为佳。

373. 牛蒡有哪些优良品种

牛蒡别名蝙蝠刺、黑萝卜。我国从东北到西南均有野生牛蒡分布。公元940年前后，牛蒡由我国传到日本，并被培育成优良品种，栽培面积逐渐扩大。近30年来，日本对牛蒡进行了多次的品种改良，并使之成为营养和保健价值极高的野菜，凭借其独特的香气和纯正的口味，风靡日本和韩国，走俏东南亚，被誉为“东洋参”。

374. 百合子球如何培育种球

种球为腋芽所形成，在收获成品时，将小鳞茎单收单藏，开播种沟宽16厘米、沟深10厘米、行距40厘米，顺沟方向间隔5厘米播种一行，每沟共播3～4行，株距6～7厘米，覆土3厘米。

375. 怎样进行百合的株芽培育和鳞片培育

秋季百合地上部分枯黄后采收充分成熟的鳞茎，用利刀从鳞茎的茎基部将鳞片逐个剥离，鳞片剥离后随即插入沙质苗床中。插植后经15～20天，从鳞片下端的切口处发生很小的鳞茎，鳞茎下生根，第2年春天小鳞茎发芽，可视其长势适量追肥，以促进鳞茎生长。秋季采收，收后可按照株芽法培育种球。

秋季在株芽成熟时采收，先进行沙藏，当年9～10月高畦播种，行距12～15厘米，株距4～6厘米，按深5厘米开沟、覆土，再盖草帘，株芽可发芽生根，形成新个体。第2年出苗后揭除草帘，并进行追肥，促进秧苗旺盛生长。秋季地上部枯萎后掘起鳞茎，按行距30厘米、株距9～12厘米播种，覆土6厘米。培育2～3年，一部分鳞茎即可达到种球标准，较小的鳞茎可继续培育1年，再作种球播种。

五、病虫害防治

376. 苗床容易发生哪些病害

病害大体上可分真菌病害、病毒病害、细菌病害和线虫病害四大类。

377. 苗床病虫害发病原因及补救措施如何

（1）浇水过多　盆土长期过湿，造成土中缺氧，使部分须根腐烂，阻碍正常呼吸和水分、养分的吸收，引起叶片变黄脱落。受害后先是嫩叶变成淡黄色，继而老叶也渐渐发黄，应立即控制浇水，暂停施肥，并经常松土，使土壤通气良好。

（2）干旱脱水　养花漏浇水或长期浇半腰水（即上湿下干），影响养分吸收，也易引起叶色暗淡无光泽，叶片萎蔫下垂。先是下部老叶老化，并逐渐由下向上枯黄脱落。此时需少量浇水并喷水，使其逐渐复原后再转入正常浇水。

（3）长久脱肥　长期没有施氨肥或未换盆换土，土中氮素等营养元素缺乏，导致枝叶瘦弱，叶薄而黄。需及时倒盆，换入新的疏松肥沃的培养土并逐渐增施稀薄腐熟液肥或复合花肥。

（4）施肥过量　施肥过多就会出现新叶肥厚，且多凹凸不平，老叶干尖焦黄脱落，应立即停止施肥，增加浇水量，使肥料从盆底排水孔流出，或立即倒盆，用水冲洗土坨后再重新栽入盆内。

（5）炎热高温　夏季若将性喜凉爽的花卉（如仙客来、倒挂金钟、四季海棠）放在高温处让强光直晒，极易引起幼叶叶尖和叶缘枯焦，或叶黄脱落。需及时移至通风良好的阴凉处。

（6）蔽阴过度　若将喜阳光的花卉长期放在庇阴处或光线不足的地方，就会导致枝叶徒长，叶薄而黄，不开花或很少开花。需注意将花盆移至向阳处。

（7）水土偏碱　北方多数地区土壤及水中含盐碱较多，栽植喜酸性土花卉，如杜鹃、山茶、含笑、栀子花、兰花、白兰、桂花等，由于土中缺乏可被其吸收的可溶性铁等元素，叶片就会逐渐变黄。栽植时要选用酸性土，生长期间经常浇矾肥水。

（8）密不通风　若施氮肥过多，枝叶长得进于茂盛，加上长期未修剪，致使内膛枝叶光线不足，容易引起叶片发黄脱落。应合理施肥并加强修剪，使之通风透光。

(9) 空气干燥　室内空气过分干燥时，一些喜湿润环境的花卉，如吊兰、兰花等往往会出现叶尖干枯或叶缘焦枯等现象。应注意采取喷水、套塑料薄膜罩等法增加空气湿度。

(10) 温度不当　冬季室温过低，对于性喜高温花卉常易受到寒害，因而导致叶片发黄，严重时枯黄而死。若室温过高，植株蒸腾作用过盛，根部水分养分供不应求，也会使叶片变黄。应请注意及时调整室温。

(11) 土壤偏酸　南方红壤土偏酸，镁元素等易流失，栽种耐碱或喜微碱性土的花木，如夹竹桃、黄杨、迎春等，常易出现老叶叶脉间失绿发黄现象。可施钙镁磷肥或喷洒硫酸镁溶液。

(12) 病虫为害　受到真菌等病菌侵害引起的叶斑病，易使叶片局部坏死，出现黄色斑点或斑块，严重时整叶枯黄脱落，受到花叶病毒浸染后叶片上出现黄绿相嵌的斑驳。遭受介壳虫、红蜘蛛等为害，叶片也会变成局部黄枯，甚至整叶萎黄脱落。均应及时喷药防治。

(13) 强性刺激　防治病虫害时使用农药浓度过大，或者受到大气中有毒气体污染，或者气温高时骤然浇灌冷水等，均易引起叶尖或叶面局部发黄焦枯，甚至全株枯死。因此应注意合理使用农药，设法排除空气污染源。盛夏避免在中午前后用冷水浇花。最后还应提到的是，盆花黄叶有时是一种原因引起的，但往往是由于多种因素造成的，应作出正确诊断，方能对症下药。

378. 苗床虫害的化学防治方法是什么

(1) 甲伴磷　作床时均匀掺入土中 20 厘米深的土层内，若苗期发病可用小棍扎洞灌杀虫药液，换床可在换床开沟时把颗粒甲伴磷施入沟底并拌入土中。

(2) 辛硫磷　黄棕色液体，在中性酸性溶液中稳定，遇碱、热、光，尤其是紫外光易分解，辛硫磷具有较强的触杀胃毒作用，杀虫范围广泛，对高等动物毒性很低，它用作土壤处理，其残效期均较短，而辛硫磷在土壤中的杀虫作用很突出，残效期可达3个月。因此，很适用土壤处理以防治地下害虫。50%乳液1∶100倍液按1（药液）∶100（麦种）拌种，对蝼蛄、蛴螬、地老虎等地下害虫的防治残效期可维持2～3个月，最好在傍晚施药以减少日光照射而大量光解。对蜜蜂毒性大，用药时不可放蜂。

（3）敌敌畏　乳油存放较长时间不致分解，但加水后，尤其在高温碱性环境中分解失效快，药效期短，在一般使用浓度下，对绝大多数植物无药害。

379. 苗床虫害的人工防治方法是什么

除了化学防治外，人工捕杀对防治蛴螬也有显著效果。蛴螬的发生地点有一些规律，在平坦的圃地，如高燥地点发生的频率要高于其他地点，它们的活动与土壤温度关系密切，当苗床表面土下5厘米深的土温在15℃以上时，蛴螬活动深度在床面下15厘米的土层内，此时用20厘米长细钢针按水平向1厘米间距下扎，可有效杀捕2～3龄幼虫。采用秋季土壤翻耕、耙地或1龄幼虫期大量灌溉等措施，可以降低蛴螬的虫口密度。

380. 怎样进行白粉虱农业防治

（1）利用晚秋、深冬、早春倒茬的时机，清除棚室内的残枝落叶，揭开塑料薄膜，利用0℃以下低温冷冻3天，冻死棚内的成虫和若虫。

（2）棚室附近避免栽植易严重发生白粉虱的野菜，提倡种植白粉虱不喜食的十字花科野菜，以减少虫源。

（3）培育“无虫苗”。把苗床与生产棚室分开，育苗前彻底熏杀残虫，清理杂草和残株，并用尼龙纱封住通风口，控制外来虫源。

381. 怎样进行白粉虱药剂防治

白粉虱世代重叠严重，在同一时间同一作物上，往往成虫、若虫、卵和伪蛹同时存在，而目前生产上还没有对所有虫态都有效的药剂，故采用药剂防治时必须连续、多次施药，以提高防治效果。喷药时间以早晨为宜，先喷叶面，后喷叶背，让惊飞起来的白粉虱落到叶片表面触药而死。常用药剂：10%的扑虱灵乳油1000倍液，对卵和若虫有特效，但对成虫基本无效；2.5%的天王星乳油3000倍液，可杀灭成虫、若虫和伪蛹，但对卵效果不明显；25%的灭螨猛乳油1000倍液，对成虫、卵、若虫均有效。另外，也可每亩用22%的敌敌畏烟剂0.5千克，于傍晚在棚室内密闭熏烟，或者用80%敌敌畏乳油与水以1∶1的比例混合后加热熏蒸。

382. 怎样进行白粉虱生物防治

白粉虱的自然天敌数量少，抑制作用不明显，但可以通过人工的办法，繁殖、释放天敌，控制白粉虱为害。

383. 怎样进行白粉虱物理防治

（1）黄板诱杀　白粉虱对黄色具有强烈趋性，可在棚室内设置黄板诱杀成虫。方法是利用废旧的纤维板或硬纸板，裁成1米×0.2米的长条，用油漆涂为橙黄色，再涂上一层黏油（可使用10号机油加少许黄油调匀），每亩放32～34块，置于行间使之与植株高度相平。当白粉虱粘满板面时，再重涂1次黏油。

（2）银灰色膜驱虫　每亩用银灰色膜5千克，做地膜覆盖，或者每亩用银灰色膜1.5千克，把银灰色膜剪成10～15厘米宽的条，拉成网眼状，可驱避白粉虱。

384. 在野菜害虫上有哪些非农药防治技术

为害野菜的夜蛾主要有斜纹夜蛾和甜菜夜蛾等，还有小菜蛾、美洲斑潜蝇、烟粉虱、蚜虫、棕榈蓟马、叶甲等，这些野菜害虫的非农药防治技术除做好合理施肥、降低田间（棚内）湿度、摘除夜蛾卵块等农艺措施之外，还要用性诱剂诱捕技术、频振式杀虫灯诱杀技术、黄色黏胶板粘捕技术等技术防治，能够有效捕杀成虫，减少成虫产卵量，减轻幼虫发生程度，从而减少农药防治次数。

385. 夜蛾性诱剂诱捕技术如何应用

性诱剂诱捕法是减少农药防治的一种物理防治技术。夜蛾性诱剂种类有斜纹夜蛾性诱剂和甜菜夜蛾性诱剂之分，但在应用技术上有一种专用的诱捕器，两种夜蛾性诱剂使用方法是完全相同的。具体方法是：取性诱剂 1 枚，放入诱捕器上部的柱夹中，诱捕器下口接上大可乐瓶，可乐瓶内灌入半瓶以上水层，并加入适量洗衣粉摇匀即可放入田间。在田间放置上，可按夜蛾发生种类而定，如果斜纹夜蛾和甜菜夜蛾同时发生，两种性诱剂诱捕器均应放置。在放置上，每种性诱剂诱捕器一般按标准大棚（宽 6 米、长 30 米）放 1 只、露地野菜按每亩放 2～3 只。放置后，视瓶诱虫量多少，每隔 1～3 天处理一次瓶内诱虫量，并适当补充或更换瓶内水量。同时要及时更换诱捕器内的性诱剂，如一般性诱剂隔 7～10 天换 1 次，长效性诱剂按产品说明的更换时期进行调换。

386. 安装杀虫灯的作用和注意要点是什么

杀虫灯诱捕法也是减少农药防治的一种物理防治技术。目前在野菜生产上应用的主要是频振式杀虫灯，该杀虫灯对野菜害虫的诱杀范围较广，对叶甲类成虫（萤火虫、金龟子）、夜蛾类成虫（斜纹夜蛾、甜菜夜蛾），以及小菜蛾、菜螟、烟粉虱的成虫均有很好诱杀效果，在野菜生产上用杀虫灯能够杀灭大量成虫，减少成虫产卵量，起到减少农药防治的作用。在安装上，一般掌握 2 公顷左右安装 1 盏；杀虫灯应在牢固的木柱或水泥杆上固定，接虫口离地面应保持 1.5 米左右；杀虫灯电源傍晚开灯、早晨关灯，电源接通后切勿触摸高压电网；灯下禁止堆放柴草等易燃物品；雷雨天气时不要开灯。

387. 黄色黏胶可用于哪些害虫，如何使用

诱捕法也是减少农药防治的一种物理防治技术，多在设施栽培上应用。黄色黏胶板主要用于诱杀美洲斑潜蝇、烟粉虱、蚜虫、棕榈蓟马等害虫的成虫。使用时间一般掌握在成虫初发期进

行。按每667平方米放置15～20个诱杀点，每点放置一张黄色诱板诱杀成虫，每隔7天左右更换一次诱板，或在黄色诱板上涂上一层黄油继续诱杀成虫。诱板放置高度一般掌握在诱板底部与植株顶端相平为宜。

388. 如何控制斜纹夜蛾在野菜作物上为害

斜纹夜蛾俗称夜盗蛾，是目前野菜作物上的主要害虫之一。该虫一年可发生4～5代，每代一般出现两个发生峰次，世代重叠，其中7～9月是为害盛发期。为害作物较多，在野菜作物上主要为害十字花科野菜、茄科野菜、豆类、瓜类、菠菜、空心菜、藕、芋艿等。在防治上，一是可采取电子灭蛾灯或性诱剂，或糖醋液诱杀成虫，压低发生量；二是可结合田间作业摘除卵块及幼虫扩散为害前的被害叶片，减轻为害；三是及时做好药剂防治，药剂可用0.5%三令乳油1500倍液，或1%力虫晶乳油3000倍液，或2.5%好乐士乳油2000倍液，或40%毒死蜱乳油1000倍液，任选一种进行防治。施药适期应掌握在卵孵高峰至幼虫3龄以前，喷药时间一般应掌握在太阳下山后进行，并要喷足药液量，均匀喷雾于叶面和叶背，这是提高防治效果的关键技术措施。

389. 控制小菜蛾为害有哪些办法

小菜蛾俗称“两头尖”，是十字花科野菜的重要害虫，重发年间如防治不力，可造成毁灭性为害。该虫周年繁殖，世代重叠，其中在每年的春末夏初和秋季有两个发生为害高峰（3～6月和10～12月），虫口密度高时，可将叶肉全部吃光，只剩叶柄和叶脉。在防治上应重点抓4～5月和10～11月这两个时期，防治药剂可用5%锐劲特悬浮剂2500倍液，或阿维Bt（强敌312）500倍液，或40%毒死蜱乳油1000倍液，或10%除尽悬浮剂2000倍液，任选一种，在低龄幼虫期进行防治。小菜蛾发生代数多，农药使用频繁，在药剂选用上要特别注意交替用药或混合使用，以确保防治效果，避免产生抗药性。

390. 怎样防治菜青虫为害

菜青虫是一种常发性害虫，主要为害甘蓝、花椰菜、白菜、萝卜等叶菜。防治菜青虫应掌握在幼虫2龄之前，防治药剂可选用5%锐劲特悬浮剂2500倍液，或阿维Bt（强敌312）500倍液，或2.5%好乐士乳油2000倍液，或5.7%天王百树乳油1000倍液，或10%除尽悬浮剂2000倍液，或40%毒死蜱乳油1000倍液，任选一种进行喷雾防治。

391. 野菜地蜗牛如何防治

蜗牛俗称蜒蚰螺，常见的有灰巴蜗牛和同型巴蜗牛两种，年发生1代，在潮湿的地带发生较多，昼伏夜出。蜗牛主要为害甘蓝、花椰菜、白菜、萝卜及豆科和茄科野菜等多种作物。防治蜗牛，一要清洁田园，铲除杂草，及时排干积水，破坏蜗牛栖息和产卵的场所；二要做好人工防治，在田间堆积一些菜叶或青草引诱蜗牛，在早晨进行人工捕杀，同时在苗床周围或菜苗行间、沟渠边撒石灰5～7.5千克封锁；三要及时用药防治，一般每亩用6%嘧达颗粒剂250～350克，在晴天时条施或点施于作物根基土表，施药后不要在药剂上面践踏，以提高防效。

392. 红蜘蛛怎样开展防治

红蜘蛛属害螨的一种，统称螨类。受红蜘蛛为害后，叶片变黄，严重时可造成叶片黄枯或脱落而减产。要防治好红蜘蛛，就要做到以下几点：

（1）要及时清除田间枯枝落叶和杂草。

（2）在点片初发期及时摘除被害黄叶，带出田外处理。

（3）抓住初发期用药防治，药剂可用15%扫螨净1500倍液，或57%炔螨特2000倍液，或1%阿维菌素1000倍液，任选一种喷雾，隔5～7天视虫情进行第2次防治。

（4）要注意喷药部位，在红蜘蛛的防治上，施药应重点喷在嫩叶背面和嫩茎、花器及幼果等部位，以提高杀灭效果。

393. 如何预防地老虎咬断野菜作物幼苗

地老虎土名为地蚕，年发生 4～5 代，以春季第 1 代为害最重，主要为害瓜类、茄果类、玉米等各类作物幼苗，以幼虫切断幼苗近地面的茎部，使植株死亡，造成缺苗断垄。地老虎在 3 龄前主要在作物叶背或心叶，昼夜取食而不入土，3 龄后白天躲藏在浅土中，夜间出来为害。

（1）在春季可用糖醋液加少量敌百虫，放在盆内于傍晚诱杀越冬代成虫，减轻第 1 代发生量。

（2）在幼虫盛发期可用鲜菜叶切碎或米糠炒香，再拌入 5.7%天王百树 500 倍液或 90%晶体敌百虫 500 倍液制成毒饵，在傍晚撒放植株根际附近或行间，诱杀幼虫。

（3）药剂防治，在 1～2 龄幼虫盛发期，用 48%乐斯本 1000 倍液，或 5.7%天王百树 2000 倍液，52.25%农地乐 1500 倍液，或 50%辛硫磷 1500 倍液，任选一种，在傍晚进行地面喷雾防治。也可每亩用 5%紫丹颗粒剂 2 千克或 3%护地净颗粒剂3～4千克，在植株根际进行条施或点施。

394. 如何控制霜霉病为害

霜霉病主要为害十字花科野菜的叶片，是一种常见的重要病害，个别重发田块可造成毁灭性损失。发病一般先在叶片背面产生水渍状病斑，3～5 天后病斑变为淡黄色，发病严重时多个病斑连接成片，全叶变为黄褐色，潮湿时叶片背面产生灰色霉层，最后干枯、收缩而死亡。

（1）要选用抗病品种，注意合理轮作，提倡深沟高畦栽培和合理密植，施足有机肥，适当增施磷、钾肥，提高植株抗逆性。

（2）要做好药剂防治，从发病初期开始，每隔 7 天左右防治 1 次，连续防治 3～4 次，药剂可用 80%大生 600 倍液，或 72%克露 800 倍液，64%杀毒矾 1000 倍液，75%百菌清 600 倍液，任选一种进行防治，防治应注意交替用药。

395. 怎样进行水芹菜的病虫害防治

（1）病害防治　主要病害有腐烂病和锈病。防治腐烂病，可在整地时，每公顷施石灰1500千克，不过多施用氮肥，增施草木灰，以增加植株的抗病力。必要时可喷洒波尔多液，或用托布津，在7～10天内连续防治2～3次。防治锈病，可喷洒代森锌液。

（2）虫害防治　主要是母茎易受蚜虫为害。苗期发生蚜虫，用漫灌法除虫。抽薹以后，在母茎上发生蚜虫，应在母茎成熟前喷药剂防治。

396. 野菜保护地内有哪几种有害气体

保护地野菜栽培，由于加温或施肥方法不当，或使用有毒塑料薄膜、塑料制品等，容易产生一些对野菜有害的气体。如果通风管理不好，很容易使保护地内有毒气体积累过多，使野菜中毒，严重影响野菜的产量。保护地内常见的有毒气体主要有以下几种：

（1）氨气　一般生产中保护地内的施肥量都很大，如果大量施入未发酵的生粪，以及施入过量的硫酸铵、硝酸铵等化肥，都容易产生大量氨气。当空气中氨气含量达到5%～10%时，会使野菜受到不同程度的为害。

（2）二氧化硫气体　烟道加温温室和塑料大棚早春临时加温，由于烧含硫的煤，最容易产生二氧化硫气体，由烟道缝隙或炉子倒烟而扩散到保护地内。土壤施入未腐熟的大粪，畜禽粪以及饼肥等有机肥料，在分解过程中，除产生氨气外，也能释放出大量二氧化硫气体。当空气中二氧化硫气体达到百万分之零点二时，经过2～3天后，有些野菜就开始出现中毒症状，能闻到一股臭鸡蛋味，说明空气中二氧化硫气体含量已经比较高了，当二氧化硫气体含量达到百万分之一左右时，经过4～5个小时，对二氧化硫敏感的野菜就表现出中毒症状。当含量达到10%～20%，再遇上保护地内空气湿度大，如阴雨、雾天或气温较低，保护地通风不好时，大部分野菜都会出现中毒症状，甚至死亡。

（3）亚硝酸铵气体　保护地内施用氮肥过多或施肥方法不当，常发生亚硝酸气体为害（尤其是在沙性大的土壤中施用更易产生亚硝酸铵气体）。此外，保护地内使用小型拖拉机或机动喷雾器，也容易产生亚硝酸铵气体，当空气中亚硝酸铵气体含量达到50%时，野菜就开始中毒。

（4）乙烯　聚氯乙烯薄膜在使用过程中也会挥发出一些乙烯气体，达到一定浓度（0.1毫克/千克）时也会使野菜中毒。

（5）氯气　保护地中多数是因土壤消毒处理不当造成的，同时塑料薄膜原料不纯也容易挥发出氯气。当保护地内氯气浓度达到0.1%时，两小时后就会出现中毒症状。低于0.1%，时间持续长也会受害。

397. 野菜保护地内有害气体怎样预防

加强通风管理；施入充分腐熟的有机肥；科学施用化肥；应在播种或定植前7～10天进行土壤消毒，消毒后要及时敞开门窗，翻耕土壤；在育苗或野菜生长期，不要在保护地内堆放农药、化肥，更不要在保护地内配制或熔化农药，以免使野菜受到其他有毒气体的危害；选用无毒农用薄膜，保护地内生产必须使用安全可靠的农用塑料薄膜和塑料制品。

398. 野菜田如何科学用药

（1）要预防为主　综合防治　优先使用农业措施，物理措施，生物措施，科学使用高效低毒、低残留农药。

①农业措施　选用抗病品种，轮作换茬、温汤浸种、嫁接技术、高温闷棚等。

②物理措施　利用黑光灯、糖醋液、黄板诱杀，磁化水灌溉，声呐技术，臭氧等。

③生物措施　主要选用生物菌制成的生物农药。杀虫剂有BT类生物农药（苏云金杆菌）浏阳霉素、米螨和爱福丁类制剂。抗生素类杀菌剂主要有青霉素、链霉素、新植霉素、环丙沙星、

克菌康、农抗120、木霉素等。

④科学使用农药　应该明确农药使用种类、禁用农药、农药安全剂量及安全间隔期。

（2）限量限时使用　允许限量限时使用低毒、低残留农药。

①严格执行农药合理使用准则　在防治病虫害中应严格执行这些规定，不得任意提高药量（浓度）和增加施药次数及缩短安全间隔期。

②选择使用合理的剂型和施药方法　反季节深冬栽培，低温时喷洒液体易导致野菜生长缓慢和加重病情，因此，要尽量选用粉尘剂、烟雾剂，减少棚内湿度，粉尘剂主要有灭克、万霉灵、百菌清；烟雾剂主要有百菌清、杀毒矾烟雾剂等。

③交替用药　反复使用同一药剂，会致使某些病虫害产生抗药性，降低防治效果，菜农要选择不同类型药剂，合理轮换使用。

399. 野菜田禁用和准用农药有哪些

野菜应用的农药品种越来越多，由于野菜的根、叶、茎、花、果可以作为食用的部分，有的还可以生食，因此，在野菜上使用准用农药，并且施药后通过安全间隔期的产品才可以收获上市。禁止在野菜上使用的农药包括剧毒农药磷胺、甲胺磷、久效磷、呋喃丹、3911、1059、1605、甲基1605、苏化202、杀螟威、异丙磷、三硫磷、磷化锌、磷化铝、砒霜、氯化苦、五氯酚、二溴氯丙烷、401等。这些农药对人、畜毒性大，能通过人的口腔、皮肤和呼吸道等途径进入体内引起急性中毒。

400. 杀虫剂交替使用为何效果好

目前，在农、林、花卉生产上对有害生物的防治引起了人们的足够重视。但是，在农药的使用上却存在着很多问题影响了农业生产。因此，农药的科学选择和正确使用十分重要，应引起足够重视。

（1）有害生物的防治与保护天敌相结合　不同时期有害生物的种类是不同的，天敌的种类也不同，在防治有害生物的同时，要保护利用好天敌。在用药时可选择15%哒螨灵乳油、20%螨死净胶悬剂等专一性杀螨药剂。这样，既杀死了螨类有害生物，又有效地保护了瓢虫、草蛉、赤眼蜂等天敌。

（2）生物药与化学农药使用相结合　苏云杆菌、白僵菌等生物类农药对温、湿度要求比较严格，击中目标后，在有害生物体内有一个生理、生化过程，见效较慢，但药效持续时间长，而化学农药大部分都具有击倒、触杀、熏蒸、内吸、胃毒等作用。

（3）杀虫剂与杀菌剂使用相结合　在生产中往往病害和虫害随生长季节同时发生，所以在防治上应采用混配农药的方法。如梨木虱发生盛期也是梨黑星病发生期，可用10%吡虫啉可湿性粉剂5000倍液＋40%多菌灵可湿性粉剂1000倍混合液进行防治。

（4）使用农药的方法、浓度与不同剂型、不同含量相结合　农药制造商为了适应不同地区、不同用途，将药品制成不同的剂型、含量。所以，使用农药时一定要结合不同的剂型和含量，选择不同的使用方法与浓度。

（5）使用药剂与不同的有害生物类型相结合　无论是杀虫剂还是杀菌剂，有相当一部分是针对某一类有害生物或某一种有害生物，甚至是某一类有害生物的不同时期（若虫、幼虫、蛹、成虫、卵）为主进行研制的，这类药剂对其他类有害生物的防治效果差或者仅有辅助作用，甚至无效。

（6）防治时期与药性及剂量相结合　植物的不同发育阶段、同一类或某一种有害生物的不同发生时期对药剂的反应是不一样的，用的药剂和剂量也不尽相同。

（7）用药浓度与温、湿度高低和阳光强、弱相结合　在生产上往往是温度越高虫害发生越厉害，不少果农使用农药的浓度很高，否则认为治不住。其实治不住的主要原因一是叶片大，二是叶幕厚，三是害虫隐蔽，给作业带来一定的困难。不论是杀虫剂还是杀菌剂其防治效果受温、湿度高低和阳光的强、弱影响较大。一般情况下、温度越高，杀虫剂药性稳定性越差，分解挥发越快，药效越高，这时使用浓度应相对低一些。杀菌剂湿度越大，效果越差，相对使用浓度应加大。

（8）在防治上农药的专一性使用、交替使用和混合使用相结合。

（9）选择使用农药要与植物对农药的敏感程度相结合　有的植物对某种农药反应敏感，在这类植物上应禁用；有的杀虫、杀菌剂使用浓度稍大会严重降低商品价值。

（10）使用药剂与使用助剂相结合　无论杀菌剂还是杀虫剂普遍存在展着性、渗透性差等问题，再加上有害生物自身保护膜或分泌液的保护作用，给防治这类有害生物带来了很大的困难。